真空・薄膜徒然草

金原 粲

アグネ技術センター

まえがき

　2010年春だったと思うが，当時，日本真空学会の会誌編集副委員長だった現委員長の道園真一郎さん（高エネルギー加速器研究機構准教授）から，日本真空学会の会誌「真空」（正式名称：Journal of the Vacuum Society of Japan）の随想欄に，「私の研究史」とでもいうような肩のこらない記事を数回書けないか打診があった．学会とは長い付き合いであり，こちらは半分隠居状態で時間に余裕もありそうなので気楽に引き受けて書き始めると，次々に昔のことが思い出されて，結局20回ほど書くことになってしまった．ただとりとめもないことを思いつくままに書くことを条件に，随想の題を「研究史」でなく徒然草としてもらうことを了解してもらい，本当に一貫性のない思いつきを「つれづれなるままに」書かせてもらった．その間，大学の隣の席にいる同じ編集委員の松本益明さん（東京大学生産技術研究所）には電子投稿の仕方，電子ジャーナルの見方から，PC関係のトラブル解決，実験器具の写真撮影など，いろいろの意味でお世話になった．彼がいなかったら，「真空」への投稿もままならず，この随想も存在できなかったかもしれない．ここで厚く御礼申し上げげておきたい．

　これが終わった時点で，道園さんと現日本真空学会副会長の齊藤芳男さん（高エネルギー加速器研究機構教授）から，この随想をまとめて出版してはどうかとの話があり，さらに日本真空学会元会長の辻　泰東大名誉教授からのお薦めもあり，いろいろの出版物で学生時代からなじみのあった㈱アグネ技術センターをご紹介いただいて1冊にまとめることにした．まとめるといっても，ただ出版された原稿を揃えて出版社にだせばよいというわけにはいかず，単行本としての体裁を整えるためにはかなりの時間と労力を必要とする．このことについては齊藤さん，道園さんに大変にお世話になった．編集業務はもちろん，査読，文献検索，引用許諾，図面整理その他もろもろなど，パソコンの使い方もままならない筆者に労を惜しまず協力してなんとか完成に導いて頂いたことに改めて感謝申し上げる．

できあがった本の目次を見ただけでは,何が書いてあるか分からないといわれるかもしれない.この本はもともとある分野の学習用に一貫性を持って書かれたものではなく,疲れたときや退屈したときの暇つぶしに読んで頂けたらと思って書かれている.私の粗雑な性格を反映していて,順序などないのでどこからお読み頂いても,どこでおやめになってもかまわない.キーワードは真空と薄膜であるが,その他何でもご興味をお持ちの読者に,気楽に睡眠薬代わりにお読み頂ければ幸いである.

　また,出版を引き受けてくださった㈱アグネ技術センターに大変お世話になった.実際のところ,このような本が市場で流通できるのかどうか,自分でも自信がないし,学術書や論文には多少の執筆経験はあるにしても,一般書に近い本に怪しげな文体を持ち込んだにもかかわらず,いろいろ私のわがままを認め,何とか形を整えてくださったことに厚く感謝申し上げる.

金原　粲

2013年1月

目 次

まえがき　*i*

1. まずは弁解　*1*
2. 真空の規格　*2*
3. 真空の質　*3*
4. 空間の圧力？　ボイル・シャルルの法則考　*5*
　　コラム1　圧力と真空　*9*
5. 真空礼賛＋ついでに苦言　*10*
6. 薄膜蠱惑　神様と悪魔の狭間　*12*
7. 手始めに電気抵抗　*15*
8. 悪魔的魅力　島状薄膜の電気抵抗　*20*
9. 始末に負えない面白いやつ　*21*
10. 固体の固の字　*25*
　　コラム2　コロジオン（collodion）　*28*
11. トンネル効果を実感！　*29*
12. 清？貧　昔の実験　*31*
13. 基礎は基板の擦り洗い　*36*
14. ケース工科大学（Case Institute of Technology）　*38*
15. Made in USA　*41*
16. 内部応力　当たり前がそうでもなくて　*43*
　　コラム3　ニュートンリング（Newton ring）　*48*
17. ガラス研磨の達人　*51*
18. 余談　ついでにガラス細工の素人と名人　*52*
19. 応力の発生原因　いろいろあるらしい　*53*
20. ホフマン研究室で　*56*
21. 恥さらし　SK過程の孫引き引用　*58*
22. 罪滅ぼし　*61*
23. 後に同じような論文が…　*63*
24. 膜厚とは何か考えた．ますます分からなくなる　*65*
25. 便利は便利だが…　*70*
26. Farewell to dear Prof. Tolansky　*74*
27. 膜厚が分かっても…　*77*
28. くっ付く＆剥がれる　*78*
29. 測定器は自作で十分　*81*

30. 測ってみたら案の定… 84
31. 剥がれ方にもいろいろあって… 85
32. 白と黒の間 90
33. "斜め"の効用とその真偽 92
34. 言いにくいことだが 94
35. 量子という言葉 96
36. 果たして観測できたのか 98
37. 仕事をせんとや生まれけむ 100
38. 困った 102
39. 隔靴掻痒ではあるが 104
40. 清水の舞台から落下傘降下 106
41. UFO薄膜？ 109
42. 元祖真空 111
43. ニュートン登場 115
44. 元祖薄膜 116
45. ニュートン神社？ 118
46. 偉すぎる!! マクスウェル 119
47. なぜマクスウェル分布が？ 119
48. この巨人はちょっと違う：ファラデー 121
49. ヤングさん 122
50. 表面張力の矢印？ 123
51. ギブスエネルギー 126
52. 正しいような，そうでもないような 128
53. Three Thomsons そして Child 129
54. 原子爆発？に異議あり！ ついでに蛇足 131
55. チャイルドのしたこと 133
56. ラングミュアにちょっと肩入れ 135
57. エピタキシー見参 139
58. 昔は… 140
59. エピタキシー復活，ついでにミスフィットも！ 141
60. 金属と半導体のエピタキシーは別物？ 142
61. Reissの餅焼網：エピランダム？ 144
62. エピタキシー雑感 146
63. ファラデー登場 147
64. ファラデーと beaten leaf 148
65. Deflagration？？ 150
66. スパッタリング雑感：エネルギー？ 運動量？ 152

67. スパッタリングの元祖に少しばかり疑問　*156*
68. もう一つの論文　*158*
69. アルゴンさまさま　*160*
70. ついでにグロー放電"様"　*161*
71. 6を2に…　*162*
72. 同じ暗闇でもアプローチが…　*165*
73. ホップ・ステップ・ジャンプ　*165*
74. シースはなぜ暗いのか　*167*
75. 宇宙人？出現　*168*
76. 近頃の若いもの　*171*
77. 大きな誤解：年寄りの活用法　*172*
78. 老兵は死なず…　*173*

文献　*175*
薄膜関連研究年表　*176*
索引　*180*

真空・薄膜　徒然草

　年を取り，研究というものから遠ざかって，初めて自分の過去を振り返って見た．一貫した研究というものをしたのかといわれると，説明に困るが，少なくとも呑気に，競争など気にかけず，薄膜という名のご馳走を真空という名の食器を使ってつまみ食いをしてきたことは確かである．薄膜の物性に関心を持ちながら，その応用に関心を示さず，したがって社会貢献を意識したことはあまりなかった．今更悔やんでも遅すぎるが，世間様のお役に立てたと自慢できることなどあるはずもない．ここでは思い出すままに，よしなし事を書き連ね，こういうやり方も昔は許されたという記録にさせて頂く．といっても，兼好法師のような名文家ではないので，そこはご容赦願いたい．

　昔はよかったか悪かったかの判断は，人それぞれであるが，私にとっては昔の方がいくらか呑気で生きやすかったような気がする．

1. まずは弁解

　真空技術も薄膜技術も筆者が生まれるずっと前から存在した歴史のある技術分野である．私自身も半世紀以上もそれらに関わって来たが，現在の急激に発達した高度の技術から見ると，私が1950年代以降の現役時代に経験してきた真空技術，薄膜技術などまだ濫觴の域を出ない．

　今のように急速な技術革新の時代に，昔はこうやった，こう考えたと振り返ることが，現在の技術の進歩に直接役に立つとは思えない．むしろ，昔はこんなばかばかしいことに時間をかけていたのかという思いも湧く．しかし現在の進歩は，製造装置や測定器のブラックボックス化をもたらし，"もの"を自分の目でよく見たり，実際に手でさわったり，自分の頭で分析したりするという行為を薄れさせてきているように見える．それが研究者，技術者の"もの離れ"を引き起こしていることは確かで，私の過去を語ることはこの風潮に対する多少の抵抗にはなるであろう．かつては対象となる"もの"と人との接触がはる

かに濃厚であった．そのために，"もの"の性質を，生活実感を持って理解していた．このことに多少でも意義を見出して下さる方が以下の記述に興味を持ってくだされば幸いである．

　弁解のついでになるが，もう一つこの本では過去の私の仕事に触れるだけではなく，ずっと過去の1700～1800年代の科学，技術に遡ることをお許し願いたい．若い第一線の研究者たちは何世紀も前の話には興味が湧かないかもしれないが，とくに，ある発見，発明など過去の成果に誰がどのような過程を経て初めて到達したのか，努力のプロセスを知ることは自分たちの研究の仕方に影響するはずである．さらに言えば，歴史資料が整理された結果，現在，誰それの発見，発明となっている定説が本当に正しいのかについても言及してみたい．人間の資料整理の過程には，偏見，脚色なども避けられない．"はじめて"本当に何かを成し遂げた人，それを助けた人にはそれ相当の敬意を払うべきだと信じている．科学，技術の世界では研究者はお仕着せの"正しい歴史認識"でなく，自分で調べた結果に基づく認識を持つ訓練を積んでもらいたいものである．

2. 真空の規格

　いきなりであるが，真空という言葉は，科学技術用語として必要なのだろうか．真空には少なくとも2種類はあるようだ．一つは場の量子論における真空で，場の最小エネルギーの状態（場を表すハミルトニアンの固有値が最小の状態）と定義される．実はこれが具体的にどういう状態なのか，実空間の中でどの領域がその状態になりうるのかよく分からない．とにかくこの真空は概念的には明確だが，ものづくりに関係している立場からはあまり役に立ちそうもないので，これ以上は考えないことにする．

　多くの真空工学，真空技術関連の人たちが真空というときは，JIS規格（JIS Z8126-1, 対応国際規格 ISO 3529-1: 1981）にしたがって，"通常の大気圧より低い圧力の気体で満たされた空間の状態（1. 圧力そのものをいうのではない．2. 真空の領域は習慣的に2.1.1.1～2.1.1.4［内容省略］に示す圧力間隔で区分する）"に近い状態を考えていると思ってほぼ間違いない．ただし，この定義

をきちんと覚えている人からあまり気にしていない人まで意識のレベルはいろいろである．とにかく真空を状態と決めた上で，状態に規格をつけるとは斬新ではあるが，規格という割にはよく分からない表現が出てくる．"通常"，"大気圧"，"…で満たされた"などなど．漠然としたムードのような規格で，私のように，これがどうして規格なのか理解できない人間が出てくることになる．

ただ，有り難いことに真空の規格や定義など知らなくても真空技術を使いこなすのには全く支障ない．真空技術の現場は，圧力という数値的にはっきりした概念の導入でこと足りているのである．物理学関連の研究者にとっては真空技術と同様に重要な技術の一つは低温技術であるが，"低温"という状態の規格は見つからない．常温，室温，低温，極低温，超低温という言葉はあるが，ふつうは，温度の値だけを述べれば研究者も技術者も満足する．真空も低圧状態と言い直し，圧力だけを述べることで学術的にはよいはずである．どうやら真空という圧力よりずっと古い言葉には古代からのロマンが潜んでいて，その言葉が研究者，技術者を引きつけているらしい．

いわゆる真空屋というのは物理研究者の中でもとくに汚染や不純物について口やかましい連中である．ところが真空技術が低温技術と異なる特徴は，やかましい連中の多い割に真空をあらわす圧力の数値が大雑把で，おおむねその対数値で議論されることである．誇張した言い方をすれば，圧力は桁数だけに関心をもたれる．ふつうのユーザーが 1.0 Pa と 1.1 Pa の違いを問題にしたりすると，真空屋から両者を区別した測定法や校正法を疑われ，その上でかなりマニアックな技術屋として変人扱いされかねない．真空を表す気体の圧力は測定精度の上がらない物理量の代表であるが，何が原因か解説が欲しい．気象情報における台風（これも真空？）の気圧が，3〜4桁の数値で表されているのは，圧力が高いせいもあるが驚異的で，温度の精度がどのくらいか，有効数字が本当に3桁あるのか，少々疑いを持ってテレビを見ている．

3. 真空の質

筆者がまだ大学院生か助手だったころ，つまり1960年代前半と記憶するが，小さな研究会で真空蒸着の話をした折，聴いておられた故富永五郎先生から，

「薄膜を作る連中は，真空容器内の空間の真空（圧力）ばかり気にするが，蒸着をするときに蒸発源から薄膜原子と一緒に飛んでくる不純物のことを何も考えていない」と叱られたことがある．私も一瞬ぐっと詰まったが，その時は，蒸着前に蒸発源は十分加熱して不純物を追い出していますなどと弁解した．しかし不純物が何で，どのくらい含まれているか，その成分の蒸気圧がどのくらいかあまり知識がなく，抵抗加熱蒸発源からの蒸着で本当に十分な不純物除去ということができるかどうか，今でも自信がない．

そのとき，筆者は若気の至りで，当時の真空工学の権威者である富永先生にむかって，「伺いますが，真空工学者はよく真空あるいは圧力という表現だけで容器の空間の状態を表現するが，きまった圧力では真空は一種類しかないのですか」と逆に問いただした．「富永先生の講義の中でも，容器を排気して圧力が下がっていくと，容器内の気体の組成は変化し，窒素や酸素はなくなる一方で，比率としては水と一酸化炭素が大きくなり，超高真空領域に入ると水素が主成分として残ると申されたではないですか，それなのに排気の全過程を真空，あるいは圧力だけで表現されては真空のユーザーにとってはなはだ不満です」とかみついた．富永先生はこれに関してはかなりあっさりと，他にうまい表し方がないのだと述べられた．

図1　故富永五郎先生．スキーやサイクリングが大好きで，その上自分でも料理をなさるグルメの磊落な先生だった．

それは，正直な先生らしい率直さであったが，このやりとりは今から50年近くも前の話である．半世紀経った今でも，感度係数はいろいろの気体分子で与えられているのに，真空状態を全圧だけで表すという習慣にあまり変化が見られない．文句があるなら質量分析器を付けろなどと逆に怒られそうである．しかし真空を使って薄膜を作るユーザーは忙しいのである．一々マススペクトルなどで分析結果を見るのは金も時間もかかって煩わしい．せめて水だけの表示が全圧と共に真空計に現れるだけでも大分助かるのだがと思っている．真空のユーザーにとっては，残留気体が，たとえば水の場合と水素の場合とでは，同じ圧力であっても対応が異なる．ユーザーは不必要なベーキングなどはできるだけ避けたい．できればガソリンのオクタン価に相当するような真空価？あるいは水価？（アクア価？）を決め，それを示す計器の開発をして貰いたいものである．

4．空間の圧力？　ボイル・シャルルの法則考

　2.で真空という言葉は必ずしも必要ではなく，圧力という言葉があれば十分なようなことを書いてしまった．しかし，その圧力にも少々疑問を呈してみたい．
　われわれは真空の状態を圧力で表すことに慣らされてきている．ここでは組成の問題にはふれず，単原子分子の理想気体を念頭に置いて容器内部の圧力という概念を考える．理想気体とは大きさが無く，分子間の相互作用がない分子からなる気体である．そのような気体で，真空技術で当たり前のような顔をして出てくる容器内の圧力は自明の概念かどうか考えてみる．
　私が高校生のとき，理想気体に関するボイル・シャルルの法則

　　$pV = NkT$

　　　（p：圧力，V：体積，N：分子数，k：ボルツマン定数，T：絶対温度）
あるいは変形して，

　　$p = nkT$ 　　　　　　　　　　　　　　　　(1)

　　　（$n = N/V$ は分子数密度）
を化学の時間に習ったような気がする（k の代わりに気体定数 R，モル数 M を用いた $pV = MRT$ だったかも知れない）．いまでも高校生はどこかで，この法則

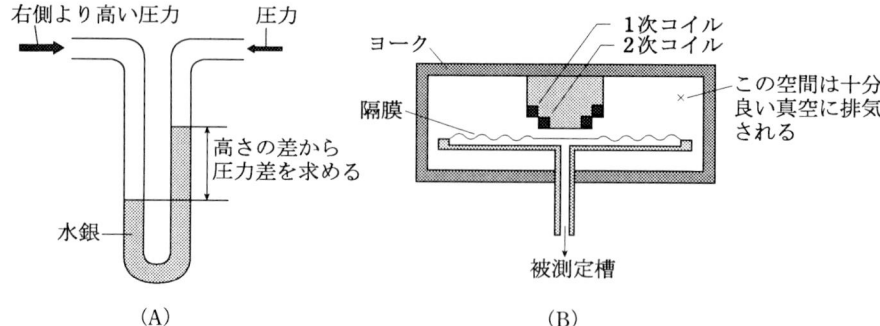

図2 真空測定用圧力計．（A）水銀マノメーター：大気圧と重力との差．（B）ダイアフラムゲージ：排気による隔膜の曲がり

は習っているはずだ．

　この式を見ると不思議な気がする．というのは，左辺のpは力であるからベクトルのはずなのに右辺の量はどれもスカラー量だからである．もちろん，この式に出てくるpは"圧力"ではなく"圧力の大きさ"のことだとすれば，その点では悩むことはないが，力という字にこだわると，空間の中の点に力というベクトル場あるいは力線が存在しているという状態のイメージが湧かない．

　圧力は固体あるいは流体内の原子間での相互作用から導かれる量で，応力テンソルで表される概念であり，テンソル量のはずである．ただ，流体ではずれ弾性が生じないから，この力は面にいつでも垂直のベクトル量になる．いろいろの真空工学の教科書を見ると，どれも気体の圧力の計算は，気体分子が容器の壁という固体に衝突したときの運動量変化から求めている．これは至極当然できわめて納得のいく説明である．したがって，図2に示したような水銀マノメーターやダイアフラムゲージのようにシリコンの薄板や水銀面など何らかの固，液体の面に対して気体が及ぼす力を測定しているなら，圧力測定という言葉は理解できる．

　しかし，気体といっても理想気体の空間内の一点の圧力というのはよく考えると分かりにくい．もちろんマクロ的には図3の破線に示すように気柱を空間内に仮定すれば説明はできる．つまり容器の器壁を底辺とする気柱を考え，気柱が静止していると考える．気柱底面Aには気体が容器壁に及ぼす圧力pの反

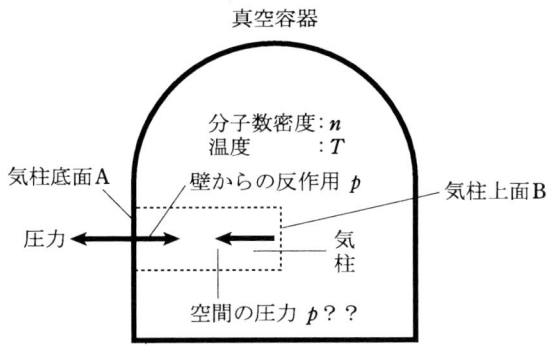

図3 真空容器内部の圧力の説明[1]．B：気柱上面と書いた部分に圧力という力が働くのだろうか？理想気体同士が力を及ぼし合うのは，定義に矛盾しないか？

作用でpと同じ大きさの力pが容器壁から内側に及ぼされるから，気柱が静止していると考える限り空間内にある上面Bでは圧力と等しい力pが逆方向に働かなくてはならない．それが気体の圧力であると定義すれば空間の圧力というものも一応は理解できる．ミクロ的に見れば気柱上面Bを通して気体分子が出入りする現象は，その面で反射が起こる場合と現象としては等価であるから，運動量変化が生じたとみなされ，圧力が生じるという見方もできる．しかし理想気体では，気体分子間の相互作用は無視する．そうすると，理想気体だけでできた気柱上面Bの内部の物体の構成原子と外部の物体の構成原子は相互に力を及ぼさないはずである．にも関わらず原子がかたまりとなった気柱内外の2物体は相互に力を及ぼしあうというのは，認識の問題とはいえあまりなじめない見方である．

　そこで式（1）を見直すと，この式は容器壁Aに圧力pを及ぼすような気体は，空間中では分子数密度nと温度Tの状態にあると述べているように見えてくる．温度は常温の場合が多いから，その時はnがpの原因になる．したがってpの代わりにnを真空の表示とする方が私には受け入れやすいのだが，他の研究者はどう考えるか聞いてみたい．

　高真空，超高真空がこれだけ普及したのに，大した意味を持たずに大きな権威を持って迫ってくる圧力という概念を真空工学者は少し考え直して気体分子

数密度に置き換えて貰いたいものだ．圧力は温度とは異なり，空間の性質にはなり得ず，真空という空間を表示する量にはならないのである．

　ついでだが，閉じた容器で$n=$一定なら，ボイル・シャルルの法則は，気体の運動量から導かれるベクトルpと運動エネルギーから導かれるスカラーTの両方が同等ということを表しているともいえる．容器の中に指を突っ込んでおいて外から容器を温めると，指は熱さと圧迫感を同時に感じるとことになる．容器にアルコール温度計をいれて温めたら，アルコールの液面は，アルコールの熱膨張と，圧力による温度計の力学的圧縮で上昇する．つまり温度計の表示だけではpとTの区別が出来ないことになる．

　これらのことから考えるのは，プラズマの状態の記述である．グロー放電プラズマの状態はふつう帯電粒子の数密度n_{ei}，電子温度，イオン温度などの粒子温度T_{ei}，空間電位V_pで記述する．n_{ei}，T_{ei}で状態を表す点では理想気体の場合と類似している．実際の放電プラズマでは帯電粒子間の相互作用もあり，ドリフト電流も流れているのがふつうであるから，圧力という概念もいくらかイメージを持ちやすいが，プラズマの論文では電子圧力，イオン圧力というという言葉はあまり聞かれない．圧力は，空間の性質を表現するのには本来なじみにくい概念だからなのではないだろうか．

コラム1　圧力と真空

　本書の始めに述べたように，定義に従えば，真空とは気体のある範囲の圧力を表す表現に過ぎず，学問的には必要の無い言葉である．しかし，日常的には真空と圧力は区別されて使われている．われわれは圧力には，物理的な圧迫感を与える作用という実感を持つのに対し，真空という言葉を力という感覚に結びつけて考えることはない．気体の本来の量からの欠乏状態を表しているので，作用というより，量に近い感覚で理解しているのではなかろうか．

　閉じた容器内の"圧力"は気体分子の壁面における運動量の時間変化の平均値，つまり力で決まり，絶対温度に比例する．一方真空計の中核をなす電離真空計は電子で気体を叩いてイオンを作り，そのイオンの数を数える計器であるから，測られる"真空"（高真空，超高真空）とは気体分子数密度であり，真空は温度に依存しない．圧力を測る装置は，圧力計と呼ばれ真空計も含まれているはずであり，真空計は真空の定義に従い，表示は圧力であるにもかかわらず，電離真空計は，上に述べたように実際は力（運動量変化）の測定を行っていないのである．

　圧力計というのは，ふつうは圧力という物体に及ぼす単位面積あたりの力（多くは静的な力）の測定器である．圧力計はいろいろの名前で日常生活に入り込んでいる．バロメーター（晴雨計ということもある），高度計などもその例である．それらは圧力が加わることによって，物体が変形し，その変形の大きさが圧力の大きさによって変わることを利用している．

　実は真空計といわれるものの中にも力を測るという意味では圧力計といえるものがある．水銀マノメーター，マクレオドゲージ，ダイアフラムゲージなどで，大気圧との差を利用した物体の動きや変形を利用している．測定領域は1気圧から最低 10^{-2} Pa までの低真空領域である．ただし，これらの計器には私の知る限り温度補正がなされていないような気がする．圧力型の真空計は低真空の測定に使われる測定器で，電離真空計は圧力計という言葉は当てはまらないものである．

5. 真空礼賛＋ついでに苦言

　先に「真空」という学術用語に疑問を呈してしまったが，実生活で真空という言葉をなくせというつもりはない．冷えかかったみそ汁のふたが開きにくい原因，我が家で重宝しているプラスチックの吸盤の貼りつき，掃除機の吸引，旧式の弁を使った井戸用ポンプのくみ上げなどなど，真空のおかげないしは真空のせいといういい方が相応しく，「低圧」で置き換えたのでは即物的で有難みがない．真空装置を低圧装置などといわれると，仕事に対する研究意欲が減退する．

　全くの私見であるが，もっと重要な真空の応用例は蒸気機関ではなかったかと思っている．18世紀末，パパン，サヴァリー，ニューコメンに始まり，19世紀に入ってワットで完成したといわれる蒸気機関は，お湯を沸かせて蒸気を作り，その高圧を利用してピストンを動かす機関であるというように小学校で習った．しかし，機関である以上サイクル運動が必要で，一旦外部に延びたピストンは，今度は元に戻らなくてはならない．実際は，機関の内部の水蒸気を水冷して凝縮させピストンシリンダー内部を「真空」にし，大気に仕事をさせて延びたピストンを戻しているはずである．この過程がなければ機関として働いたとはいえない．少し強引だが，18〜19世紀の産業革命の原動力といわれる蒸気機関は真空の応用機関であり，水で冷やすだけとはいえ，真空技術が産

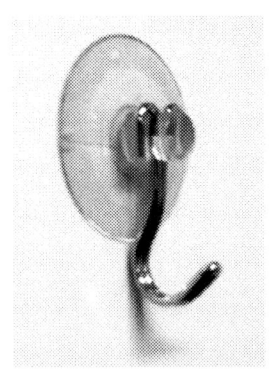

図4　吸盤．これが役立つのも真空のおかげ．ただし，摩擦力のおかげも忘れてはいけない．それがないと滑ってしまう．

業革命の一翼を担っていたと考えると,真空技術に関わり合いのある人間の一人として少し嬉しい.

ワットの蒸気機関は英国のジョージ・スティーブンソンによって蒸気機関車という形で花開いた.彼はこれを利用して1825年,英国のストックトン－ダーリントン間約40 kmを走行する最初の公共鉄道用の蒸気機関車を作った.

20世紀以降になると,真空技術が現代文明に及ぼす役割は,表だっては目立たないが,裏に回るとますます大きくなってきている.我田引水を承知でいえば,真空技術の大きな役割の一つは,筆者に関わりの深い薄膜作製技術,さらにその延長線上にある集積回路作製技術とそれに続くナノテク用の材料,デバイス開発技術への適用ではないかと思う.真空,薄膜技術がなければこれらの技術は存在できず,さらにコンピューターも携帯電話もないことになる.真空,薄膜技術は今ではIT革命を下支えしている重要技術の一つなのだ.

そのことと関連するが,真空研究者の大きな目標の一つは,高真空の高速実現のように見える.それはそれでよいが,井戸の汲み上げポンプ,吸盤,蒸気機関などの例からわかるように,大気圧の10^5 Paをほんの少し下回る程度の真空でも十分に役に立つ場合も多く,10^4 Pa台の真空の用途は意外に広いように思える.この領域の技術者は私が知っている真空の研究者,技術者とは人種が違うような気がするが,J. Vac. Soc. Jpn.（[真空]）誌にもときどき彼らを登場

図5　蒸気機関車の写真.ピストンも真空装置の一種？

させてほしい．

　ここで，ついでに苦言を呈したくなるのは，現在の理工系大学，高専における真空技術教育である．極端な言い方かも知れないが，今，まともに系統的に真空技術教育をする場所は日本真空学会主催の夏季大学くらいではないか．せめて排気原理，排気速度，コンダクタンス，到達圧などの基本概念くらいは夏季大学に来る前の理工系学部の学生時代に覚え込ませておいて欲しいものだ．表面物理という名の大学の講義は見たことがあるが，真空のつく講義をしている教育機関を私は知らない．私は，学部生は表面物理より先に真空科学を学ぶべきだと思っている．教育者，研究者たる大学，高専教員は遠慮しすぎて真空教育の重要性をあまり強調していないように見える．真空の科学や技術を魅力ある学問に育て上げ，しっかりした大学・高専のカリキュラムを作って教育に当たるのは真空関係者の責任である．

6. 薄膜蠱惑　神様と悪魔の挟間

　「物質は神が作ったが，表面は未だ悪魔の手中にある」というのは物理学者パウリ (Pauli) の言葉だそうである．この言葉は今でも生きているように思える．では，悪魔の手中にある表面の上に作られた薄膜という物質は神と悪魔のどちらに属するのだろうか．薄膜に接すると，原子配列の見事さに思わず「さすが神様！　大統領！」と驚嘆したいこともあるが，物性の不安定さに遭遇すると「悪魔のこん畜生め！」と怒鳴りたくなることもある．この神の業と悪魔の仕業の双方が結局薄膜の魅力を作りだしているように思える．

　筆者が薄膜に関わり合いを持つようになったのは1950年代末に大学院の蓮沼宏教授の研究室に応用物理の博士課程学生として入学したてのころである．

　蓮沼先生は研究テーマについて，とくに細かい指示をなさらず，私の自分勝手を認めてくださった．当時研究室の奈良治郎助手（後の宇都宮大学教授）が，実験用に分光プリズム表面に銀の薄膜を真空蒸着して鏡を作っていた．脇から見ていた私には，その薄膜が何ともいえず美しく，とくに薄いときに見せる透過光の色の変化に思わず魅せられて，修士課程で行った「熱輻射光の偏光性の研究」は終わりにして，薄膜の物性を薄膜固有の性質として研究してみたいと

先生にお願いし，それ以後，神様と悪魔にこづき回されながら一生薄膜と付き合うことになってしまった．それを後悔したことはなく，薄膜の魅力に引き込まれたままである．

蓮沼先生は光学の大家で，光沢に関する御著書もあり，応用物理全般については大変該博な知識と深い見識をお持ちの先生であったが，薄膜についてはとくに専門家ということではなかった．というよりも，当時の日本では薄膜という研究対象が物理や応用物理の中の独立の分野としては存在していなかったという方が多分正しく，その点欧米より遅れていたように思う．もちろん薄膜という物質の形は存在したが，表面物理の一分野における材料として扱われ，場合により電子回折や光学の分野で研究者の必要に応じて作製された．電子回折屋は電子線が透過するから，光学屋は干渉がおこるからという理由で薄膜を作ったが，あくまで原則は薄いバルク物質を作るという立場で，現在のような薄膜固有の構造や性質の研究とは少しずれがあったと思う．

私は薄膜を応用物理の一分野としてまったくの初歩から勉強することになったが，指針となる日本語のテキストが手近には見つからず，蓮沼先生から言い渡されたことは，まず H.Mayer; Physik dünner Schichten I（1950 年発行），II

図6　故蓮沼 宏先生（左）の写真．右は40数年前の筆者．温厚，博学の先生で，私の研究上のわがままをいつも認めてくださった．つねに大局的にものを見ておられ，見誤らなかった．

（1955年発行）を読めということであった．先生自身も個人では持っておられず，やむなく丸善に注文して取り寄せた．

　いずれも高価で，Iは5千円，IIなど8千円くらい，今の値段でいえば10万円くらいした．Iは主に薄膜作製法，膜厚測定法，光学的性質，IIは主に薄膜構造，電気伝導性，磁気的性質の解説で，ドイツ人らしい緻密さと完璧さで記述されており，引用文献だけで両方あわせると1500以上になる．あえていえば，かなりくどい感じの本である（余談だがMayerはテキスト中でベクトル記号を使わないので，式が長くて読みにくい）．この本で学んだことは，薄膜とはただの薄い板ではなくてバルクとは違う別の種類の物体であるという今は当然と認識されることであった．このことは，いいかえれば薄膜の物性はサイズ効果に起因するということもできるが，果たして薄膜は神様が好んで作られた物体かどうか，少し手抜きがあるように見えた．その上で，実感したことは，薄膜という特殊で，当時は光学的性質以外あまり実用性が認識されていなかった物体に関心を持つ研究者が沢山おり，薄膜の持つ得体のしれない悪魔的ないかがわしさが多くの研究者の関心を引き付けているらしいということであった．この本には随分お世話になったし，今でもときどきお世話になるが，外国語が苦手な筆者にはかなり荷の重い書物ではあった．私が死んだ後に誰かに譲りたいと思っているのだが，今の若手で，果たしてこの重さに耐えて引き受けてくれ

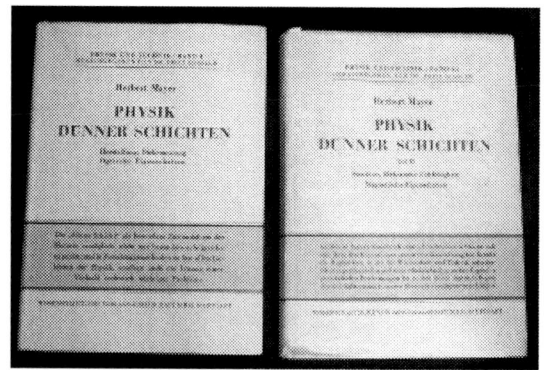

図7　筆者の終生の教科書となったH.Mayer; Physik dünner Schichten I (1950) II (1955)の表紙．読むのはかなりしんどく，読み通せたとはいえない．拾い読みで済ませた．

る人がいるかどうか疑わしい．

　もう一つ，蓮沼先生から，薄膜作製に役に立つといわれて購入したのが，やはり名著として知られていたらしいL.Holland; Vacuum Deposition of Thin Films（1960年発行）で，Tolanskyの推薦文つきである．実験書あるいは技術書と言われながら真空や薄膜に関するかなり基礎的な記述があり，系統的とはいい難いが初心者がまず学ぶべき基本を知るにはMayerの本よりバリアーが低い分むしろ適当だと思った．この本も今でも愛用している．こんなにも技術の進歩の急激な領域で，50年後の今でも参考にしたくなるような本が書けるというのは，やはり著者の基本に対する理解が深いからであろう．

7. 手始めに電気抵抗

　薄膜の物性の特徴を知るのに一番簡単な手段は，ガラスなど絶縁物基板上の金属薄膜の電気抵抗測定で，学部学生など，初心者に薄膜の特性の一端を実感させるのには手頃である．比抵抗や電気伝導度の値をきちんと決めるとなると膜厚測定という厄介な測定が加わるが，一度何らかの方法で時間と膜厚の関係を導いておけば，後は蒸着時間測定でこと足りることも多い．ただし，ただの抵抗測定だと甘く見てはいけない．とくに薄膜形成の初期過程における薄い領域での電気抵抗値の膜厚による変化は劇的で，MΩの桁しか測れない簡便型のテスターなどで変化を追うことはできない．これは当然で，多くの薄膜では形成の初期には図8に示したように，薄膜は孤立した金属粒子あるいは島の集合で，実際に測定される電気抵抗は，薄膜中の金属部分の抵抗ではなく，島と島の間の絶縁物基板の表面抵抗であり，10^{10}Ω/□（□はスクエアと読み正方形を表す：ohm/sq.と書き，面抵抗という）あるいはそれ以上の値になるからである．この話は後で述べることにして，以下では薄膜が一応板とみなせる状態になったときの測定の話をしてみよう．

　私が抵抗測定をやってみようと思い立ったのは，先に述べたMayerのテキストの電気伝導に関する記述を読んでからである．それに測定器もあまりないところで手を付けるには，電気抵抗測定が手頃で手っ取り早かった．Mayerのテキストには薄膜の電気伝導に関わった多数の研究者の研究成果があげられてい

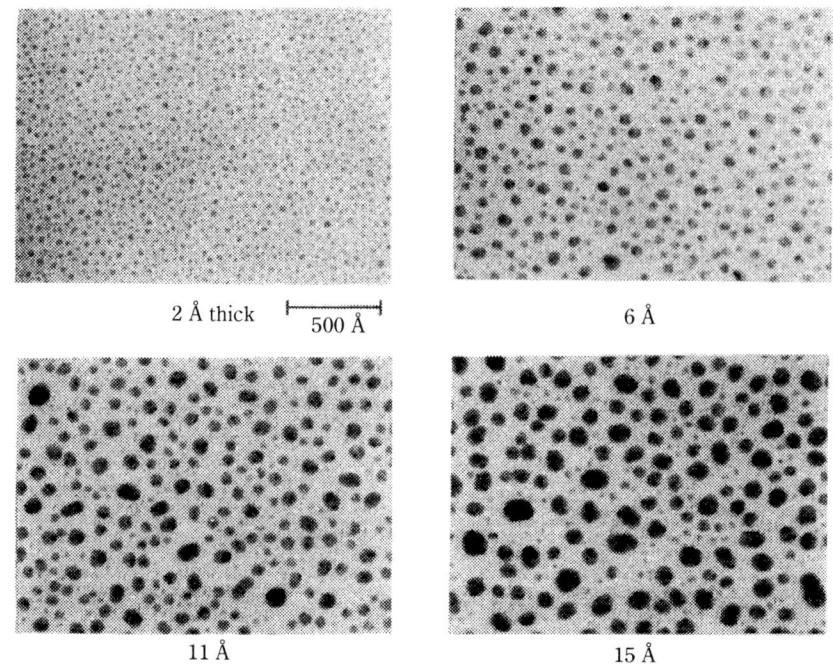

図8 ごく薄い銀薄膜の電顕写真. マクロ的には膜であるが, 電顕で拡大すると小さな島の集合体である. これが極薄膜の大きな特徴を示すことになる[2].

るが, 集大成はSondheimerがAdv. Phys., **1** (1952) 1に発表した解説論文によってなされたといってよい. Advances in Physics誌はヨーロッパ物理学会が同じTaylor & Francis社から出している原著論文誌Philosophical Magazineの解説論文誌のようなもので, その発刊の巻頭論文がSondheimerによる"The mean free path of electrons in metals"であった. ちなみに, 続く論文がF.Seitzによる転位論に関する解説論文, その次がC.Frankによる結晶成長に関する解説論文で, この雑誌の著者には錚々たるメンバーがそろっていた. ただしMayerのテキストの出版と彼の解説論文発表の時間差が少ないせいか, Mayerのテキスト本体の中では彼はあまり高く評価されていない. 現在. この理論はあまり顧みられなくなったが, これはこの理論を必要とする実験環境が少なくなって来たためであろう.

Sondheimerの論文には，かなり煩雑な計算式が出てくるが，要するに薄膜内部の自由電子の移動をBoltzmannの輸送方程式を用い，拡散から電子の流れを説明する理論で，拡散現象の中に電場による電子のドリフトを取り入れてあり，線形近似による簡単化が行われている．特徴的なのは，境界条件として，薄膜表面における電子の散乱を部分的な非弾性散乱効果として取り入れてあることである．私にはこれこそが薄膜を薄膜たらしめているサイズ効果の根源のように思えた．この効果は膜が薄いほど相対的に大きくなる．そのため物性値であるはずの比抵抗あるいは電気伝導度が膜厚に依存するという結論になる．非弾性散乱を表面における鏡面反射係数pで代表させ，通常のバルク物質の自由電子による電気伝導を特徴づける電子密度，移動度などに加えるとpは薄膜の電気伝導固有のパラメーターになる．薄膜の電気伝導度をσ，比抵抗をρで表すと

$$\frac{\sigma}{\sigma_\infty} = \frac{\rho_\infty}{\rho} = 1 - \left[\frac{3(1-p)}{2}\right]\kappa_\infty \times \int_{\kappa}^{\infty}\left[\left(\frac{1}{s^3}\right) - \frac{\left(\frac{\kappa_\infty^2}{s^5}\right)(1-e^{-s})}{(1-pe^{-s})}\right]ds$$

$\kappa_\infty = d/L_\infty$　d：膜厚　L_∞：電子の平均自由行程

（添え字$_\infty$は膜厚∞のときの値，すなわちバルク値を示す）

という発表当時はかなり有名になった式になる．積分の計算は解析的にはできないので，当時，輸入されたばかりのIBMの大型計算機を扱っていた企業の友人に計算して貰い，いくつかのpに対してρ/ρ_∞ vs κ_∞曲線を描いて貰った．さらにはアメリカ人の友人に頼まれて計算結果を「輸出」したりもした．ただ，多くの場合は$d \gg L_\infty$と見なせる範囲で近似的に

$$\frac{\sigma}{\sigma_\infty} \simeq 1 - \frac{3L_\infty(1-p)}{8d} \quad \text{or} \quad \frac{\rho}{\rho_\infty} \simeq 1 + \frac{3L_\infty(1-p)}{8d}$$

ですませてしまうことが多い．とにかく図9に示すような実験結果を上の近似式にあわせると，pという表面の電気的性質を表す量が求まって，表面の存在を実感できた．

　データのばらつきから，pの測定精度は上がらなかったが，$p \sim 0$，つまり表面での電子は完全に非弾性散乱をするとしておおむね比抵抗の膜厚変化を説明できた．面白かったのは，$d \to \infty$（実際は$d \sim 0.5\,\mu\text{m}$）としたときのρ_∞が表

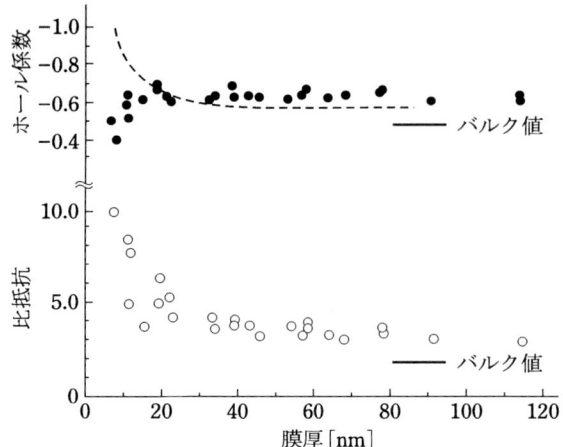

図9 銅の薄膜の比抵抗とホール係数[3]．比抵抗の単位は$10^{-8}\Omega m$，破線はChopraらのホール係数の測定結果．ホール係数の単位は$10^{-10}m^3C^{-1}$．比抵抗が膜厚の減少とともに大きくなる（ホール係数の方は小さくなった）．(A.Kinbara and K.Ueki:"Hall Coefficient in vacuum-deposited copper films"Thin Solid Films, **12** (1972) 63, with permission from Elsevier (Nov. 29, 2012))

に載っているバルク値に一致せず，ものによっては数倍の値になることであった．薄膜をどうアニール（Anneal，焼鈍：焼き鈍し）してもバルク値にならず，薄膜はサイズ効果を起こすだけでなく，バルク物質とは違う物質という考えが抵抗測定を通して私の頭の中に定着した．

　余談であるが）アニール（焼鈍）とは何をすることかを表す模型がある．私がかつて真空理工㈱（現アルバック理工㈱）という会社にお邪魔した折，小さなベアリングが，2枚の正方形に多数挟まれた薄い板状（2次元）空間に閉じ込められた模型を頂戴したことがある．ベアリングは原子1個に対応する．模型を立てるとベアリングは，重力で図10(A)に示すように正方形の一つの辺の上に集まるが，よく見ると規則的配列を持つ小さな部分（結晶？）の集合で，原子が小さな結晶を作っている有様を想像させる．それを外から軽く叩いて揺らし，加熱の過程に対応する操作を行うと，(B)に見られるように規則性を持った領域がだんだん大きく成長する．(A)は薄膜が蒸着されたまま（As-deposited

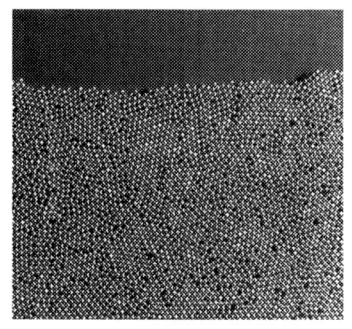
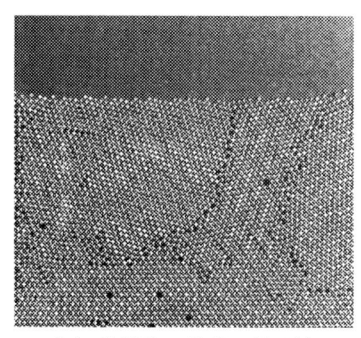

(A) 蒸着直後の薄膜の結晶粒　　　　　　(B) 焼鈍後の薄膜の結晶粒

図10　薄膜形成のベアリングを用いたシミュレーション

という）の原子の配列，(B)はアニールされ，結晶が成長した段階をうまく表している．定量性はともかく，電顕観察と対応させると，定性的にはかなり理解しやすいモデルになっている．

ついでであるが，Sondheimerは薄膜に磁場が印加された場合の薄膜の磁気抵抗効果についても計算を行っている．といってもGMR（Giant Magneto-Resistance），TMR（Tunneling Magneto-Resistance）に関係する訳ではない．非強磁性金属の自由電子が磁場により回転運動を起こし，そのために薄膜表面に衝突する頻度が増えることを考慮した結果の計算である．これは薄膜固有の磁気抵抗効果を表しているわけであるが，残念ながら我々の持つ装置では磁場の強さが足りずその効果を観測することはできなかった．

薄膜では電流密度を上げることが容易であるので，1970年当時日立中研から出向してきていた植木和義さんと一緒にCu薄膜のホール効果測定を行ってみた．ホール起電力は電子（キャリア）密度に反比例する．したがって一般に金属のホール起電力は半導体に比べて非常に小さいので測定しにくく，測定例も少ない．そこで，植木さんが図11に示すように，薄い銅板にエッチングで長さ10 mm，幅数mmの試料に極細の電極を6本付けられる真空蒸着用のマスクを作ってくれた．

それで抵抗/ホール起電力測定用のCuの薄膜試料を真空蒸着で形成できた．これを用い電流密度を上げると，3 kG程度の磁場でμVの桁のホール起電力が

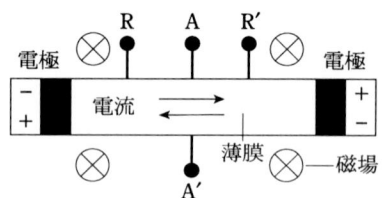

図11 比抵抗とホール係数の測定用電極マスク．黒い部分に電極用の金属薄膜の蒸着ができるように切り込みができている．電極を蒸着した後，電極に接触できるように切れ込みの入ったマスクを通して，試料となる薄膜を蒸着する．薄膜に垂直に磁場をかけ，両電極間に電流を流し，RR′間の電圧とAA′間の起電力を測る．AA′間の微小な位置のずれで生じる電位変化を除去して，純粋にホール起電力のみを測定するため，電流の向きを逆転して測定し平均する．

発生し，研究室の電位差計で測定できた．この測定で図9に示したようにホール係数の絶対値はバルク値より10〜20％位大きく，膜厚が減少すると減る，という結果が出てしまった．この傾向はインド工科大学のChopra教授らの結果と反対だと彼らからクレームがきたが，議論をしてもらちがあかず，双方とも疲れてそのうちなんとなくうやむやになってしまった．膜厚が小さくなると島状ないしは不連続構造の影響が出るので，ホール係数測定の意味自体に問題が起こると思っている．当時は研究室に組成や構造を調べる機器がなく，それらと実験結果を関連づけることができなかった．

8. 悪魔的魅力　島状薄膜の電気抵抗

前にも触れたように，薄膜形成のごく初期の過程では，多くの薄膜が不連続な島状構造を取ることは今や常識となっている．島状構造を持つ薄膜すなわち島状膜の電顕観察の経験は別に述べることにして，前回に続きその電気抵抗測定について述べて見よう．以下，基板はすべて絶縁体である．

7.では触れなかったが，実は2次元固体の電気伝導機構に関心を持った研究者は古くから多く，名著「Thin Film Phenomena」の著者であるK.L.Chopraによると，1891年のMoserによる銀と白金の薄膜の電気伝導の研究が最初らしい．ただし，この論文の発表論文誌はWied. Ann., **2** (1891) 639 で，Chopraの表現ではvoluminous（分量が多く）で，full of inconsistencies and violent dis-

図12 Prof. Chopra(写真右から三人目). インド工科大学(Indian Institute of Technology)の学長を務め，インドでは絶大な権威と権力を誇っているように見えた(産業技術総合研究所 吉田貞史先生提供).

agreements（矛盾や暴論が一杯）とある．どうやら苦労してこんな古いドイツ語の文献を取り寄せても読む価値がありそうもなかったので，それはやめにした．滅茶苦茶な結果にChopraも読むのにさぞや苦労したことだろうと同情している．

島状薄膜の電気抵抗はまさに悪魔的振る舞いを示し，Moserだけでなく我々もきりきり舞させられたが，この測定は1970年代，当時大学院生だった西浦真治さん（後，富士電機㈱）と吉田貞史さん（後，埼玉大学教授，産総研研究員）が，金の薄膜を真空蒸着で作りながら取り組んでくれた．結論を言えば，その振る舞いは，通常の測定を拒否するような底意地の悪さを秘めたもので，

1. 時間的不安定
2. 非オーム性
3. 反金属的温度依存
4. 大きな歪み効果

というふつうの金属薄膜にない特徴が現れた．これらの一つ一つが厄介で，だからこそ魅力ある研究テーマになったともいえる．全部話し出すと長くなるので，ここでは，時間的不安定性とトンネル効果に関連した歪み効果を述べてみよう．

9. 始末に負えない面白いやつ

島状膜の電気抵抗とは，実際は基板面の表面抵抗のことではないかという疑

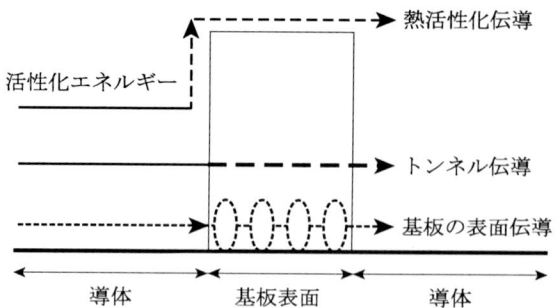

図13 島間の電子伝導過程の模式図.トンネル過程,熱活性過程および基板の表面伝導を示している.とくにトンネル過程は,島間距離の依存性が極端に大きく,それによって熱活性過程との大小関係が敏感に変わる.

問も湧くが,ガラスの表面抵抗を測った人の話によると,どうやら基板の表面抵抗は空間を電子が島から島に飛ぶ場合よりも高いらしい.島が数個の原子でできているような薄膜形成のごく初期の段階を除き,電子顕微鏡で確認できる程度の大きさになった島間の電子移動は,図13に示したように熱的活性化とトンネル効果とによる島間の電子移動が主たる機構ということは多くの研究者により指摘されほぼ確立されているといってよい.そして電子移動の確率は島間のポテンシャルバリアの高さと島間の距離に大きく依存し,それが薄膜の電気伝導に直接関係する.

　薄膜のいろいろの物性測定に関わってみて実感したことだが,島状である効果が金属薄膜の電気抵抗ほど顕著に現れる現象は滅多に無い.あまり細かい実験方法や結果の記述は専門的で,一般の読者には退屈になると思うので,概略を述べてみたい.まず悩まされたことはできた薄膜の抵抗値が不安定で,その値が時間とともに変化することである.図14に示すように,蒸着をやめた後の真空中での *in-situ* 測定で数10%を超える時間変化(増加)が観測され,蒸着が終わった後,安定化するまで数十分以上,待つ必要があった.

　その上,抵抗値が非常に高い.$10^{10\sim14}\,\Omega/\square$(10 GΩ/□以上)という値は,多分,当時ふつうの測定ではあまり経験できない大きさであった.正確に測ろうとすると超高抵抗の標準抵抗器で較正しなくてはならないが,一般の研究室

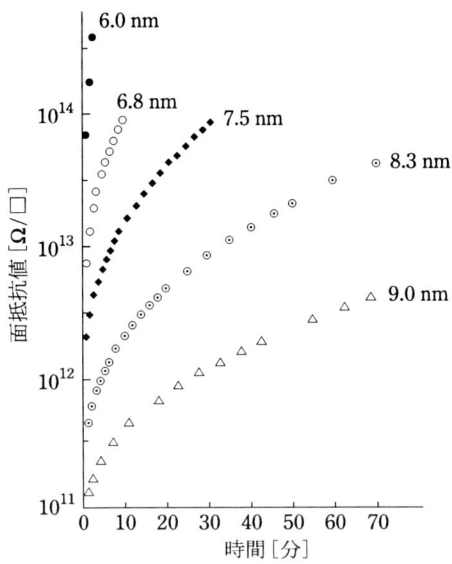

図14 金薄膜の抵抗値の蒸着直後からの時間変化[4]．薄いほど変化の仕方が大きくなる．図内数値は膜厚を示す．(M.Nishiura and A.Kinbara:"Resistance change in discontinuous gold films" Thin Solid Films, **24** (1974) 79, with permission from Elsevier (Nov. 29, 2012))

にあるような代物ではなく，特別な電気工学の研究室しか持っていない．また，印加する電圧が直流100Vで電流がμA以下のナノからピコの桁になるので，それに対応する電源と電流計が必要になる．環境の振動にも気を使いながら，かなりの苦労の末に，図15に示すように島状膜の電気抵抗の膜厚変化の傾向を知ることができた．

縦軸に安定化された後の面抵抗値の常用対数がとってあり，膜厚が1 nm〜5 nmまで5倍変化する間に抵抗値が5桁ぐらい変化する．そして7 nmくらいの所で一気に3桁くらいのステップ状の変化が起こる．この膜の場合，7 nm前後で，薄膜が島状から島の間につながりができて連続薄膜になるらしい．このことは抵抗値の温度変化にも現れる．5 nm程度の膜厚では温度の上昇とともに熱励起で電子が増え，抵抗は減って半導体的になり，7 nm程度の膜厚では逆に抵抗値は増加してふつうの金属的振る舞いをするようになる．

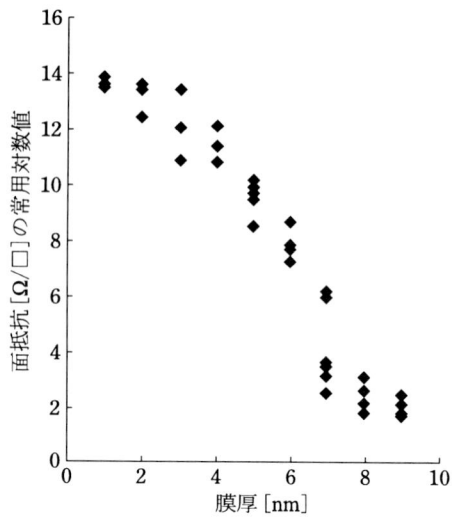

図15 金の島状膜の面抵抗の膜厚による変化[5]．面抵抗に膜厚をかければ，形式的には比抵抗になるが，こうして求めた比抵抗値にはあまり意味は無い．

手前勝手な言い分だが，抵抗値の膜厚依存でこんなに大きな変化をすることに少しだけ驚いて欲しい．

仕事関数が 4～5 eV の金属島状膜の 300 K における電気伝導では，島間距離が 10 nm 以上だと熱活性過程，5 nm 以下ではトンネル過程が優勢になることは簡単な計算から推定されていた．ただし，島から電子が 1 個飛び出すと，島がプラスに帯電し，飛び出した電子を引き寄せるため，帯電による静電ポテンシャルを乗り越えるだけのエネルギーは熱的に与えられていなくてはならない．1962年，この問題に対して Neugebauer と Webb が熱活性化トンネル過程を提案し，N-W モデルとしてもてはやされた．このモデルにクーロンブロッケイド（微粒子間の電子移動の際，電子の付加により電子に対する微粒子の電位が上がり，電子移動が影響を受けること）研究の先駆けという評価をした研究者もいた．

大雑把な言い方をすれば，島状膜の電子の伝導は熱活性にトンネル効果の加わったプロセスによる．したがって自由電子論と拡散を基礎とする前述した

Sondheimer の理論は全く当てはまらない．そもそも島状構造の物体を，鼓膜や石鹸膜と同列に薄膜という「膜」を使った用語で表し，これに板などの厚さにあたる膜厚という言葉をあてはめることに無理があるのである．といっても膜厚は薄膜の名字のようなもので，薄膜の在りようを一言で表すには膜厚以外に表現のしようがない．膜厚に関しては，考えるべきことが多いので，後でもう一度述べることにして，当分の間，厚さとは市販されている膜厚計で測られた厚さということにしておこう．

10. 固体の固の字

島状膜の電気的性質の話を続ける前に，固体薄膜の固の字について考えさせられた経験を述べておきたい．

私を含めて多くの人は多分，固体というものは固くて形が不変のものだと思っていると思う．私は火事にでも遭わない限り実験器具が翌日になったら形が変わっているかも知れないなどと心配したことはないし，私たちが作った薄膜も固体であり，当然形は不変だと思っていた．ところが，ミクロないしはナノの世界ではそうでもないらしい．うろおぼえであるが，たしか J. Appl. Phys. の薄膜関連論文を読んでいたとき，近くの頁で，先の尖った針金を温めると先がだんだん丸くなるという論文に遭遇して面白半分読んでしまったことがある．詳細は覚えていないが，要するに，とがった部分の内側では原子間の圧力が高くなり，それを緩和するために低い温度でも表面自己拡散が起こって先端が丸くなるということであったと思う．つまり表面の曲率半径が小さくなると表面自己拡散が大きくなり，ナノの領域に近くなると常温近くに放置されても，尖ったところがだんだん丸くなるというものであったと記憶している．

それに関連しているのが，我々の行った薄膜の熱膨張実験である．1970年頃，薄膜の熱的な性質を調べていた院生の菅原秀明さん（現国立遺伝研教授），長野豊和さん（前日立製作所）に金の薄膜を作り，熱膨張率を測るようにいったことがある．その際，薄膜の熱膨張率というのはあまり例がないし，基板にくっついたままだと膨張率の計算に薄膜の弾性率の値が必要になる上に，界面で何が起こるか分からないから薄膜を基板から剥がして空中に吊るして測定し

てくれと注文をつけた．菅原さんたちはだいぶ苦労したらしいが，とにかく厚さ 0.14 〜 0.80 µm，幅約 5 mm，長さ約 50 mm の長方形の金の蒸着膜をコロジオン膜上に作り，コロジオンを溶かして自立した金薄膜をつくることに成功した．

その際，コロジオンを張ったガラスにあらかじめ金粉の粒を二つおいて，薄膜に小さな穴が縦に二つできるようにして，目印とした．それを電気炉の中に吊るして温めながら外からカセトメーターで目印間の距離の変化を測定して熱膨張の温度変化を調べた．すると，図16に示したように200℃以下くらいのうちはバルクとあまり変わらない熱膨張を示したが，厚さが 〜 0.3 µm 以下の薄い膜では200℃を越えるとかえって縮みが起こり始めた．縮んだ試料をよく見ると，薄膜の縁のあたりが何となく皺っぽくなっていた．300℃くらいになると全体的に皺がよったようになって測定不能になった．金の融点は1064℃であるから，融けるはずはない．これは角や縁のあたりの曲率が大きい箇所で表面自己拡散が大きくなり薄膜を変形させてしまったと結論できた．実際の表面自己拡散を見たことになり，固体にも流動性があり形が不変のものではないことを強く感じた．固体の固は，固さそのもののような角張った字だが，固体薄膜というときは少し角を丸く書いた方がよさそうだ．

固の字が薄膜にふさわしくない例は電顕のその場観察でも見られる．電顕観察で金属の島状膜の島の一つ一つを観察していると，島の中のあるものが，固体というよりむしろ液滴のようにふにゃふにゃした頼りない存在に見えることがある．観察用の電子線照射で，金属の融点の1000℃近くにまで温度が上がっているとは考えにくい．

球体の半径 r が小さいと，球の表面自由エネルギー σ が内部の融解エネルギー U_L を上回るので，球の融点 T_r を下げて球が融けやすくなることは1871年に W. Thomson（Lord Kelvin）により指摘され，Frenkel により定式化されていた．彼らの結果からバルク物質の融点を T_m とすると，

$$\Delta T = T_m - T_r = \frac{2\sigma T_m V}{r U_L} \qquad (V：分子体積)$$

が得られる．ΔT は融点降下として知られている．この融点降下が島状膜の個々の島にあてはまる可能性が強く，上に述べたふにゃふにゃの島も融点降下

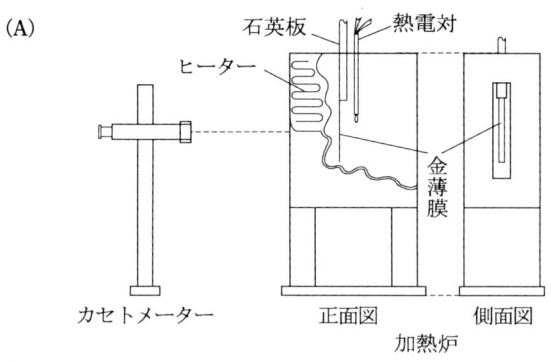

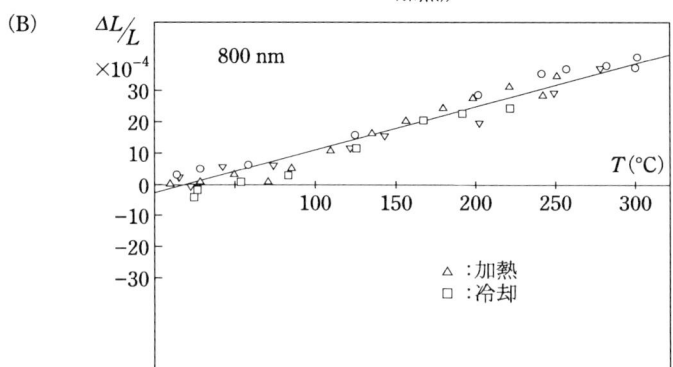

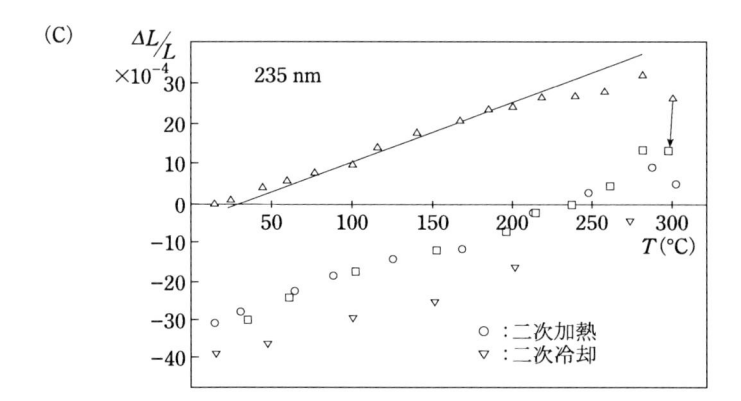

図16 薄膜の熱膨張を観測した装置の概略図(A)と熱膨張の様子を示す結果[6]．厚い膜(B)はバルクと同じような振る舞いを示したが，薄い膜(C)はある温度以上では皺ができて収縮がおこった．

によるものと考えられ，1950年代には東工大の高木ミエ教授が電子回折実験により金属薄膜内の島で大幅な融点降下が生じることを実証した．

　これらの先人達の成果や自分たちの経験を参考にして，われわれも島は固いという先入観を棄て，できたての島を，流動性を持った扁平な楕円体と見なし，それが表面自己拡散で時間経過とともに球に変形するという単純化されたモデルを考えた．楕円体から球への変形は，島間距離を広げるのでトンネル確率は大きく減少し，電気抵抗を増加させる．このモデルで島状膜形成時における薄膜の電気抵抗の時間変化をあまり矛盾無く説明できた．これが一般に受け入れられたかどうか分からないが，とにかくレフェリーをパスして，Thin Solid Films に掲載された．

> **コラム2　コロジオン（collodion）**
>
> 　コロジオンはニトロセルロースをエーテル/エタノールに溶かした溶液のことで溶媒が蒸発すると透明な半透膜になる．この膜をコロジオン膜といい，透析膜や皮膚の保護など医療用に使われるらしいが，私自身は電子顕微鏡の試料支持用としてしか使ったことはない．コロジオンの溶液を静止している水面上にスポイトでたらすと液が水面に一様に広がり，薄い透明な膜ができる．それを透過型電子顕微鏡の試料保持用マイクロメッシュの上にすくい上げて乾燥させる．膜は十分に薄いので，電子線は通過できる．ただ強度が小さいので，簡単に破れる．それで，補強のために表面に nm 程度のカーボン薄膜をアーク蒸着で付けることが多い．その上に目的とする薄膜を蒸着すれば薄膜の島状構造を観察することができる．試料の蒸着は真空蒸着装置で行うが，そこから電子顕微鏡の試料室まで運ぶ間に空気に触れる．それを嫌って，試料室内で蒸着を行った研究者もいた．ただ，詳細は別にして，島状膜の存在そのものは，外部装置での蒸着でも確認できる．
>
> 　コロジオン膜を熱膨張測定などのための基板なしの薄膜作製に使った例は他によく知らないが，$0.1\,\mu m$ の桁以上の厚さの薄膜をコロジオン膜の上に蒸着した後溶媒に溶かすと，基板のない薄膜が溶媒の上に浮き上がる．それをきちんとした形で空中にすくい上げられるにはかなりの熟練がいるが，基板なしの自己保持（self-sustained）薄膜の作製法の一つと考えてよい．

11. トンネル効果を実感！

　1957年，江崎玲於奈氏がトンネルダイオード（エサキダイオード）を発明し，1973年，ジョセフソン，ジェーバーとともにノーベル物理学賞を受賞した．そのとき，トンネル効果が，新聞などでちょっとした話題になった．

　もちろん，量子力学を学んだひとなら，習い始めのころにこの名前が出てきたことは覚えておいでだろう．たとえば角形ポテンシャルの場合，原理的には簡単な計算なのに，トンネル確率（電子の波動関数のバリア透過率）の中に双曲線関数の二乗が入ったり，しかもその逆数をとったりで，いざ数値を求めるとなるとかなり厄介になることなどご記憶の方もいるかも知れない．

　原理的に簡単と書いたが，トンネル確率の計算が簡単なのはポテンシャルの形が角型の場合であって，たとえば，それに電場がかかって図17に示したように直角三角形に変形すると計算はだいぶ手間がかかるようになる．

　さらに飛び出した電子と残ったプラス電荷との間のクーロンポテンシャル，電子による鏡像効果などを考慮すると，ポテンシャルの形が複雑になり，計算が急に面倒になる．私のような計算音痴にはとても手が出ないが，一方で真の理論家が触手を伸ばすほど，魅力あるテーマでもない．ただ，多少計算の達者な研究者にとっては手頃なテーマだったらしく，いろいろのポテンシャルの形に対するトンネル確率の計算に熱中する人も現れた．計算は大変だが私にとって大事なことは，この確率が島の仕事関数のほかにポテンシャルの厚さすなわ

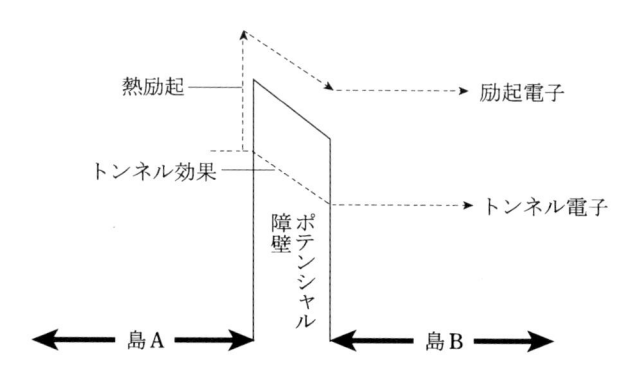

図17　トンネル伝導における電子に対するトンネルバリアの形．電場により三角形に変化．

ち島間距離の僅かな変化に敏感に影響されることである．それはどの計算モデルにも共通しており，われわれの研究には角形ポテンシャルの知識だけで十分こと足りた．

トンネル効果という名前には多少なじみがあったが，私は学生，院生時代にトンネル効果が明瞭に関係している実験に関わった記憶がない．トンネル効果など，まさに国境のトンネルを抜けた遠い所で起こる出来事だと思っていた．ところが島状膜の電気抵抗を測ることになり，急にトンネル効果が身近になってきた．

先に，島状膜の電気伝導が，島の中の電子の熱励起と島間のトンネルによるということはすでに確立されていると述べた．熱活性化だけで生じた電子移動における電気抵抗は，島内部の抵抗を無視すると島間の距離にほぼ比例するといわれているが（なぜなら島間距離が熱励起された電子の平均自由行程と見な

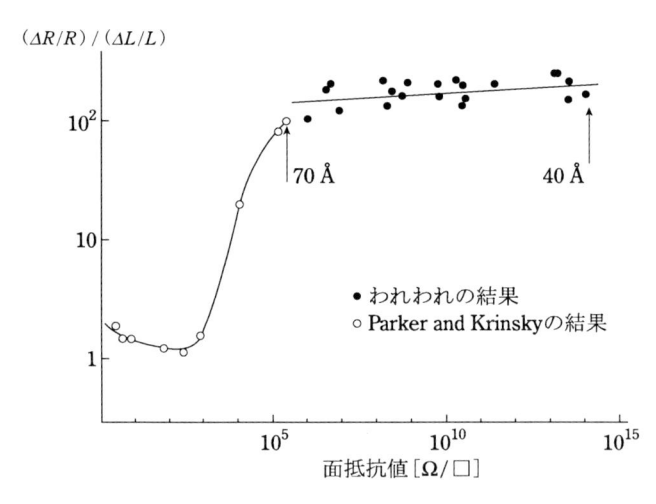

図18 薄膜を伸ばしたときの抵抗変化率の膜厚変化[7]．R は面抵抗，L は島間の平均距離．抵抗が大きい（膜厚が小さい）と変化率だけは 10^2 近いべらぼうに大きな値になる．ただ試料ごとに変化率が異なるので信頼性に乏しく，デバイス化は難しい．
(M.Nishiura, S.Yoshida and A.Kinbara:"The strain effect on the electrical conduction in discontinuous gold films" Thin Solid Films, **15** (1973) 133, with permission from Elsevier (Nov. 29, 2012))

せるから），この島間距離の変化が小さければ，それに伴う抵抗変化は小さい．

しかし先に述べたように島間距離の変化がトンネル確率に及ぼす影響は指数関数的で抵抗変化への影響はずっと大きい．このことは基板を変形させることで容易に観測できた．まず短冊状のガラス基板上に金の島状の薄膜を蒸着し，基板を裏返して両端を支える．基板の真ん中を後ろからマイクロメーターヘッドで押して基板を曲げ，薄膜部分を少し伸ばして電気抵抗変化を測定してみる．この場合，薄膜の伸び，すなわち島間距離の伸び率は，最大でもせいぜい0.01％で，熱励起過程で飛び出す電子による電気抵抗値にはほとんど影響を及ぼさない伸びである．

ところが，実際の抵抗値は最大で10％近い変化をする．市販のゲージの歪み係数（抵抗変化率/歪）は1％程度であるが，島状膜の場合の歪み係数は2桁近くなることがある．多分，工学的センスのある研究者だったら，高感度の歪みゲージへの応用を考えるところであろうが，私はあいにく製品化，商品化に興味がないというより能力がない．島状膜とはおもしろいやつではあるが，こんな安定性が悪くて，信頼性に乏しいやつを社会に送り出す気にならず，ただトンネル効果を実感しただけで十分に満足した．

12. 清？貧　昔の実験

今まで，実験結果をもとに話をしてきたが，ここで，1959年博士課程に進学した院生時代，62年からの助手，講師時代に自分の使った実験装置や実験のやり方について述べてみたい．そのころはまだ"清貧"という言葉が残っていた．

図19　研究室セミナー．実験器具が買えない分だけ討論は活発だった（産業技術総合研究所 吉田貞史先生提供）．

私の人生では，"清"の方は，清浄を旨とするべき真空，薄膜研究の立場からはかなり疑問符がつくが，貧だけは公私において十二分に体験した．

　私には，軍隊経験はないが，気持ちの中に，金や物がないときには精神力で補えという旧大日本帝国陸海軍の精神教育の影響が少し形を変えて残っており，金や能のないところを時間で補うという習慣が身についていた．今から考えると，貧の極限のような研究環境でどうして学会で発表できたのか分からない．多分，他の研究室も似たり寄ったりの状態で，要するに当時の学会というところは貧者の集団で，その中でドングリの背比べをしていたのであろう．記憶していることはやたら時間をかけて，はんだ付けだのガラス細工だの旋盤操作だのをやったことである．幸い研究室に1950年中頃に作られた真空蒸着装置だけはあったので，試しに銀の薄膜を作ることから始めた．

　この装置，枠組みは大工の作った木製のものである．ベルジャー（ベル型の真空容器）はガラス製（直径40 cm前後，ガラス職人が手で実際に作っているのを見たことがある．みごとな手捌きであった．）で，それをおく鋼鉄製の鏡面仕上げされた基盤面との接触部に溝が切ってあり，そこにゴム（種類不明，バイトンではない）のガスケットがはめられ，排気系は油回転ポンプと油拡散ポンプで，窒素トラップ無し，真空計無し，誘導コイル電源付ガイスラー管が

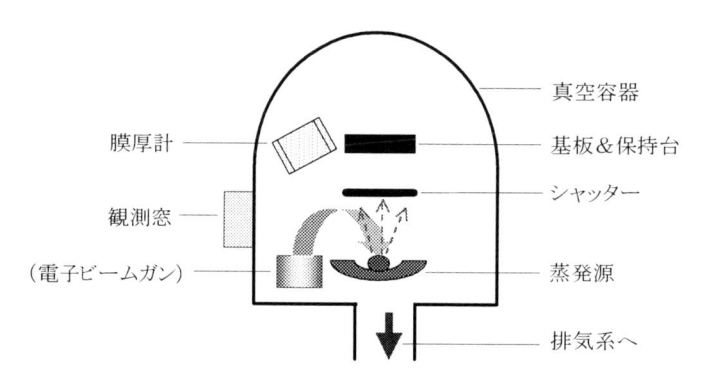

図20　現在の研究室用真空蒸着装置の概念図．蒸発源（電子線加熱がかなり普及しつつある），基板支持台，シャッター，膜厚計が基本的な付属品として付けられるようになった．筆者の装置では膜厚計はなく，蒸発源は抵抗加熱タングステン線（自作），そして真空系の真空計はガイスラー管のみという有様であった．

油回転ポンプの上についている，という代物で，推定到達圧力（ガイスラー放電が完全に消え，さらに管壁の電子照射による蛍光が消えて数分後）は10^{-2}～10^{-3} Pa程度である．ちなみにガイスラー管はX線被曝のおそれからか，現在

(A)

(B)

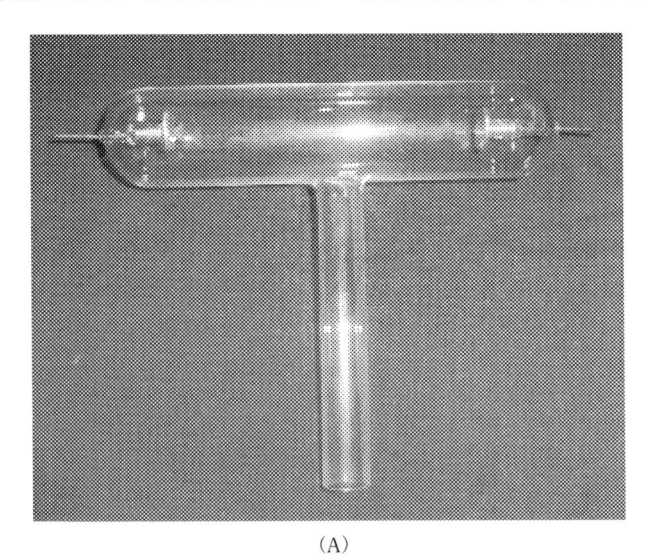

図21 ガイスラー管 （A）外形 （B）放電の様子．ガラス管の直径は15 mm くらい，両電極間には直流でも交流でも，10 kV程度の電圧をかける．放電の有様は気体の圧力と種類による．放電の圧力による変化の状態はとても魅力的に見えた（東京大学生産技術研究所 松本益明氏提供）．

使用されていないようであるが，私は放電の色と形が圧力と共に変化する様を眺めるのが好きだった．

　これにはたぶん20年以上お世話になったが，今のところ目立った健康被害は出ていない．大分後になってペニングゲージを購入したが，それでやっと圧力が 10^{-3} Pa 台に入っていることがわかった．

　蒸発源は細いタングステン線を木ねじに巻いてバスケット状にした．その中に大きさが数ミリの銀の粒を入れ，どこかで廃棄された装置から抜き出してきた変圧器をそのバスケットにつなぎ，スライダックを介して電流を流して加熱する．そうすると銀が融けて球状になり，球の上に何か不純物のような黒っぽい物が浮かび，それがぐるぐる回り出す．このぐるぐる回る物の正体はついにつかめずに終わった．蒸着開始はベルジャーの曇り具合で判断，膜厚は膜厚測定用試料を試料の隣に置き，ベルジャーから出した後で，Tolansky法（多重反射干渉法）で測定した．

　タングステンバスケットで簡単に蒸着できる金属は，金，銀，銅でアルミニウム，鉄，ニッケルはタングステンと合金を作り融点が下がって切断しやすく

図22　パロマー山の天文台にて（1989年）．といっても観光客として出かけて，反射望遠鏡のコンクリート製模型を眺めただけだが…．

なるのであまり蒸着できなかった．既出のHollandの本には，アルミニウムと鉄はタングステン線を使って蒸着できると書いてある．すばる望遠鏡完成まで世界最大といわれたパロマー山天文台の200インチ反射望遠鏡のアルミ薄膜の真空蒸着を担当したStrongは，実験の名手といわれ，反射鏡をタングステン線コイルで作ったバスケットからの蒸着で作ったらしい．あとで，本をよく読み返してみると，太いタングステン線を使い，アルミの量はタングステンの35％以内にすると書いてあり，私のバスケットではタングステン線が細すぎた．

　1960年代では貴金属類の1グラムの単価は純度4Nで，銀20円，金1000円，白金2000円くらいであったので，銀はかなり自由に（といっても一生の間の消費量は数kgくらいか）使えたし，金もあまり高いという感じを持たずに使

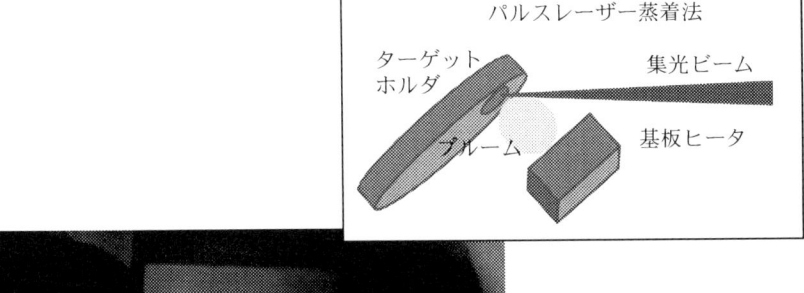

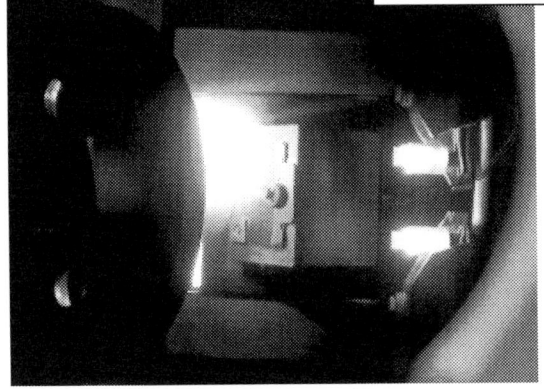

図23　パルスレーザー蒸着による多元化合物薄膜の作製．蒸発した蒸気がレーザー光で励起され，発光する．この発光体をプルーム（Plume：羽，柱）という．いまでは，蒸発しにくい多元化合物などの薄膜形成も，レーザー光の照射で可能になった（金沢大学森本章治教授提供）．

えた．白金は，蒸気圧が低いので，厚めの薄膜を作るときはタングステンを直視できないくらい高温に加熱せねばならず，ガラス製のベルジャーまで熱くなるので，危険を感じてあまり試みなかった．化合物では，フッ化マグネシウムの蒸着はバスケットからの粉末の吹き出しに気を付ければ簡単で，SiOは蒸気圧が低くてやや蒸着しにくかった．

途中から，ボートタイプの蒸発源が登場し，材料もタングステン，モリブデン，タンタルなどが使えた．これらの値段は高かったが，複数回使えるのでだんだんこれらに切り替えた．ただ，タンタル蒸発源で金を蒸着したら，合金化してボートがぼろぼろになり，かなりあわてたこともあった．

13. 基礎は基板の擦り洗い

この装置で意外にきれいな銀薄膜の鏡ができた．反射率を測ったわけではないが，とにかくガラス上にきわめて一様で，一見反射率の高そうな薄膜が形成されたのは，基板となるガラスの洗い方が良かったことにもよるのだと思う．当時，研究室にHollandの本の他，物理実験技術テキストがあった．これらに書かれた手順は，クロム酸・硫酸混液による基本洗浄と石鹸による流水中での徹底した擦り洗いである（もっともHollandは著書の中で，酸で洗うのはobsolete（時代遅れ）などと悪口を言っているが）．基本洗浄を終わったガラスをガーゼに石鹸を付けて流水中でごしごしこすると，ガラスをこするときの指にかかる抵抗が大きくなる．そうしたら基板を沸騰している純アルコールに浸し，ピンセットで垂直に引き上げて手早く脱脂したガーゼで拭き取る．これが標準的なガラス洗浄法で，できあがりの善し悪しは息を吹きかけ，表面が一様に曇るかどうかで判定する．これを日本では呼気法などと言っていた．今考えるとかなり汚染が気になる判定法だが，これでもLord Rayleighのお墨付きの方法なのである．1930年代には呼気によるガラス表面の清浄度判定法などがRev. Sci. Instrum. などの雑誌に堂々と載っていた．1970年代から集積回路の作製に人の手から出るナトリウムが問題になり，超音波洗浄と電子・イオン照射が普及するまで，人間が汚染源になるという認識はあまりなく，この洗浄法と清浄度判定法は日本の薄膜研究者の間ではかなり広く使われた．基板洗浄は薄

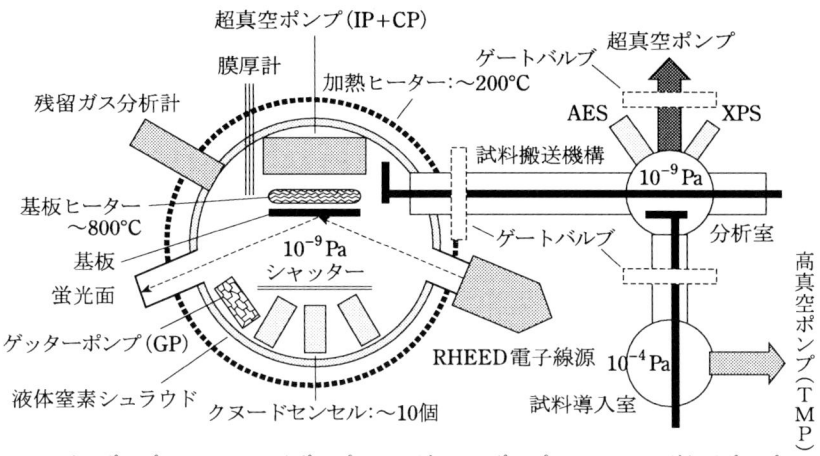

IP：イオンポンプ，CP：クライオポンプ，GP：ゲッターポンプ，TMP：ターボ分子ポンプ，
AES：オージェ電子分光器，XPS：X線光電子分光器，RHEED：反射高速電子線回折装置

図24　MBE（Molecular Beam Epitaxy）装置の一例．現時点では究極の高真空，高度制御の真空蒸着装置であるが，産業用としての使用はあまり活発でない．

膜の見た目の良否を左右するが，構造，組成，物性に及ぼす洗浄の効果をどのように評価するべきか自分でもよく分からず，そもそも余り面白くない仕事なので，何となく皆がやっている通りにやって，安心してしまった．後になって超音波洗浄，プラズマ洗浄と一通りは経験したが，どれがどのようによいかついに分からずじまいであった．

　マクロ的スケールでの薄膜の善し悪しは見た目，すなわち薄膜に汚れが見えるかどうかできまる．おそらく窓ガラスや自動車のフロントガラス拭きでも経験されることであるが，ガラスの洗浄は意外に厄介で，仕上げに沸騰している純アルコールからガラスを引き上げて乾燥する過程で，最後の一滴が蒸発する瞬間，その中に凝縮された不純物がガラス基板に付着するので，それを除去することが，当時の洗浄のコツであった．最後に残る不純物が何なのかはとうとう突き止められなかった．

　今の基準でいえば，きれいとはいえない条件で作られた薄膜であるから，当然その物性も，たとえば，ある意味で最高品質の薄膜を作製できる図24に示

したようなMBE法で作られた薄膜の物性とは異なると思われたが,実際の所,とくに製作時の真空や基板洗浄が薄膜構造や物性へどんな影響を及ぼすか余り定かでない．たとえばエピタキシーという現象は，1950年当時から電子回折研究者の間で関心が高まっていたが，真空中劈開のアルカリハライド単結晶面上では金属薄膜のエピタキシーが起こりにくく，かえって空気中劈開した面上で起こりやすいというような報告がなされ，汚染と薄膜成長の関係がますます不可解になってきた．私にとって基板の清浄度とエピタキシーの関係はミステリーであるのみならず，基板の清浄度と薄膜の品質全般との関係がはっきりせず，もやもやした気分が今でも続いている．

14．ケース工科大学（Case Institute of Technology）

　1964年夏，丁度日本が東京オリンピック準備でわき返っていたころ，アメリカのオハイオ州クリーブランドにあるケース工科大学（Case Inst. Technol. 略称CIT）に研究員として赴任した．CITといえばカリフォルニア工科大学かカーネギー工科大学を意味したが，自称3Cの一つというこの大学はマイケルソン

図25　1986年に訪問した際のケース・ウエスタンリザーブ大学のキャンパス．正面のやや高いビルが，マイケルソンとモーレイが干渉計を水銀の上に浮かべて実験したと言われるビルの跡地に作られた新しいビル．右手のビルが，筆者が通った物理学科のビル．

とモーレイが相対論の実証実験を行った所として，誇り高い大学である．大学の入口には，マイケルソンとモーレイを讃える小さな石碑がおいてある．私がいたときには，物理学科に1956年に初めて原子炉からのニュートリノを検知し，ノーベル賞の呼び声が高かったF.Reines（日本語ではライネスと書くようだが，アメリカ人はライナスと発音しているように聞こえた）が在籍しており，40年後の1996年になってレプトン物理学に関する研究で物理学賞を受賞している．この大学は私の帰国直後，隣接しているウエスタンリザーブ大学と合併してケース・ウエスタンリザーブ大学（Case-Western Reserve University）になった．

　私が滞在中，多少は写真をとったつもりだが，0才だった息子の写真ばかりで，石碑，大学キャンパス，研究室などの写真が見当たらない．広い芝生に3〜4階建てのビルが散在するアメリカのどこにでもある中規模の大学である．

　ここに，後にAVS（米国真空学会）の会長を務めたR.W.Hoffman（ホフマン）教授がおり，彼の指導の下で研究をすることになった．日本語でホフマンと書

図26　1986年，ホフマン教授の自宅に20年ぶりに伺い，宿泊したときの教授夫妻と筆者．筆者の指導にあたった1964年当時は髭はやしていなかった．犬好きで愛国者で，礼儀正しく，私にたいしては低開発国からきた気の毒な貧乏研究者という姿勢で親切にしてくれた．

くと薄膜関係の研究者にはこの名前の人がかなりいる. 同じ綴りの人 (たとえばフォード研究所のD.W.Hoffman) もいるが, 人によってfが一つだったり, nが二つだったりする. 私が指導を受けたホフマン教授は, ケースを卒業して以来ずっとケースで育ってきたアメリカ人としては珍しい経歴の持ち主である. 背の高い偉丈夫で, もともとは磁性薄膜が専門で, 私は鉄薄膜の内部応力測定を担当することになった. このことについては後に述べることにする.

　日本でよく知られた大学を除けば中東部にあるアメリカの大学に日本人はあまりおらず, ケースにも多分日本人は私一人しかいなかったと思う (ついでにいうと, クリーブランドは全米初の黒人市長が誕生した市であるにもかかわらず, 黒人は学生, 教職員に一人も見かけなかったし, 女子学生も余り見かけなかった). 初めは敵地に一人で落下傘降下したような不安な気分であった. 教授は親切に世話してくれたが, 多忙で接触する機会も頻繁とはいかず, むしろ院生といろいろ議論しながら仕事を進める方が多かった (院生3人が全員白人の既婚者, うち2人はユダヤ系). 装置の設計図を描いたり工作したりする際, 一番戸惑ったのは長さをすべてインチで表すことで, 3/8インチだの5/16インチだのといわれても, どちらがどのくらい大きいのやら, 一々計算しないとわからず, 最後までなじめなかった. 温度の華氏表示には日常生活ではいくらか慣れたが, 実験室では液体窒素の沸点が−321Fなどといわれてもピンと来ず, 絶対温度との関係が覚えにくくて日本に帰ってインチとともにすぐ忘れた.

　今はそれほどではないといわれるかも知れないが, 当時のアメリカと日本とでは社会基盤, 科学技術はもちろん買い物の行列や運転マナーを含めた社会的モラルにいたるまで, あらゆる点で, 程度の差は歴然としていた. この国と戦争をしても勝ち目がないことはアメリカで生活を始めてすぐにわかった. 最近のアメリカ訪問で, 技術やモラルが日本に比べそれほど高いと感じられないのは, アメリカが落ちてきたのか, 日本が上がってきたのか分からないが, 多分両方であろう.

　しかし当時は大学の中だけでも, インフラが遙かに整備されていた. 物理学科にマシンショップ, エレクトロニクスショップがあり, そこに数人ずつの優秀な専門職がいて私の持ち込んだ図面を検討し, 部品を製作してくれた. ステ

ンレス加工もいやな顔をせずに気軽にやってくれた．教員や学生が自由に使える工作室が清潔で，ドリルやバイスが整然と並び，破損や紛失がきわめて少ないというのも，日本での経験に照らし合わせると驚異に近かった．日本の大学の大型計算機センターが稼働し始めのころで，ケースではすでに計算機センターで学生が自由に出入りして計算していた．ただし，まだパソコンのない時代で，センターまで足を運ぶ必要はあった．計測器のデジタル表示はアメリカではじめて見たような気がする．

　すべての水道の蛇口から水とお湯が出るし，研究室では室内灯やエアコンを昼夜を問わず付けっぱなしというのは豊かさの象徴のように思えた．紙の消費量は文明の基準と述べた日本の商社マンがいたが，院生の机の上の箱に入ったティッシュペーパーも，洗面所のぬれた手を拭く専用の紙も初めて見た．ついでに私生活を述べると，日用品の買い物はデパートや小売店でなく広大な駐車場を持つ郊外の巨大スーパーでまとめ買いすることを初めて知った．

15. Made in USA

　アメリカの研究室で何より嬉しかったことは，アメリカ製真空装置の信頼性が高いことであった．もっとも，アメリカ製といっても，部品についたラベルがアメリカ製と思われるだけで，ほんとうにアメリカ資本でできたアメリカ国内の工場でアメリカ人労働者が作ったかどうかはわからない．ただ，学内のマシンショップや大学の近くの小さな町工場で部品を作ってもらった経験では，職人（多分純粋の白人）達の技量が非常に高かったことは確かである．日本では和製真空装置のリーク探しは日常的であった．溶接技術は私の使った装置に関する限りアメリカ製が優れていた．ただし日本の名誉のために言うと，私が日本で使った装置の中には，私が自分でガラス管接合をした配管部分や，自分で基盤に穴をあけて，自分で削った真鍮製の電極やシャッターをゴムのガスケットを通して導入したものなどの職人技でない部分が含まれており，リークの全部がメーカーの責任とはいえない．指導教授の蓮沼先生からは，リークがおきたら，まずベローズ，つぎにコック（バルブ）を疑えと言われたが，その前に，自作の部分から疑う必要があった．怪しいところにアルコールを筆で塗

り，ガイスラー放電の色がピンクから白に変化するのを見る簡便法はかなり普及していたし私もかなり習熟したが，ケース滞在中リークに悩まされたことは一度もない．ずいぶん真空槽内部をいじったり，槽内に部品を持ち込んだりしたが，真空排気に支障がおきたことはなく，帰国するまでいつも 10^{-5} Pa 台を保っていた．当時すでにニコンのカメラ，ソニーのトランジスタラジオの評価は高く，西海岸ではブルーバードなどの日本車も見かけた．一方でアメリカ製乗用車の信頼性欠如が問題になったこともあったが，少なくとも 1960 年代に私が扱った真空装置の信頼性に関する限り，日本製よりずっと高いように思えた．到達圧力の差は真空ポンプ油，鉄，ステンレス，ガラスなどの構成材料，銅やゴムなどのガスケット材料，そして溶接技術の差に起因するのであろう．ただ，私を含む日本のユーザーの汚染とメインテナンスに対する意識が異なっていたことも大きく関係していたような気がする．たとえば蒸着後のベルジャーの扱いだけについても，洗い方だけでなくガスケットの嵌め方，置き方，さらには装置付近の清掃の仕方にいたるまで細かくマニュアル化されていて，それがきちんと守られていたことが装置の信頼性につながっていたように思う．日本ではもともと備品購入に対する予算はあっても，保全に対する費用はあまり重要視されない傾向が伺えたし，なによりユーザーのメインテナンスに対する気構えが，アメリカのユーザーに比べて希薄だったような気がしてならない．

　ただ，最近のアメリカのハード技術の状況を推察すると，そもそもハードあるいは「もの」技術が今のアメリカに残存しているのかどうかすら怪しい気がしてくる．アメリカの研究室のラジオでアポロの月面着陸報道を院生たちと聞いた私にはアメリカの宇宙産業の優位は今でも揺るぎないように思えるし，航空機，自動車，そして軍関係の高性能製品はアメリカ製といえるのだろうが，Made in USA の身近な日用品はあまり見かけない．嘗て大学や大企業から飛び出してベンチャー企業を立ち上げ，優秀な真空部品を売りに出した人たちは今どうしているだろうか，そしてアメリカ在住の研究者達はどういう真空装置を使っているのだろうか．現役を退いた今，私は実情を正確に把握できないが，アメリカ人が自分の都合で生み出したグローバル化なる風潮が，アメリカを IT

国家に変貌させ，アメリカのもの作り技術力を退化させつつあるように見える．市場原理だのアウトソーシングだの一見もっともらしく聞こえる言葉が，実体を伴って日本に輸入され，日本の産業構造を変えてわが国からもの作りを駆逐しつつあるが，これでよいのか，なんとも日本の将来が心配である．

16. 内部応力　当たり前がそうでもなくて

　ケースにおける研究テーマである薄膜の内部応力の研究は，実は，私が大学院時代に行っていた研究でもあり，学位論文の一部にもなっていたので，まず日本で行った自分の研究から述べてみたい．

　博士課程に入学してまだ間もないころ，指導教授の蓮沼先生が，「君，この写真を見てみたまえ」といって，J. Appl. Phys. の1950年代の雑誌の表紙を見せて下さった．最近の若い研究者はご存じないかも知れないが，昔の J. Appl. Phys. の表紙には，その号の中でとくに目立った論文中の写真を表紙に載せていた．論文の著者は，実はそのときは意識していなかったのだが，後に私の留学先となった R.W.Hoffman（以下，ホフマンと記す）のグループであった．これは薄膜を円形の平らな基板上に蒸着したとき，薄膜に発生した内部応力で基板が椀状に湾曲して反射鏡になり，光学定盤の上に置いて平行光線をあてると現れるニュートンリングである．

　内部応力になじみのない読者のために述べておくと，薄い円板に基板よりほんの少し小さめのゴムの円板を無理に押し広げて強力な接着剤で基板全面に貼り付けた場合を想像してみればわかりやすい．多分基板はゴム板を内側にして変形するであろう．このようなとき，ゴム板の面のどこかに垂直に仮想的な断面を仮定すると，その断面の両側ではお互いに相手を引っ張り合っていることになる．つまり応力が発生しており，これを内部応力（Internal Stress）と呼んでいる．とくに上のように引っ張り合っている場合の内部応力を引っ張り応力（Tensile Stress）という．基板より大きめのゴム板を無理に縮めて基板に貼り付ければ，逆に基板側が内側になって変形する．このような場合の内部応力を圧縮応力（Compressive Stress）という（図27参照）．

　薄膜内部に発生する内部応力は，電着膜などでは1900年代初頭にはすでに

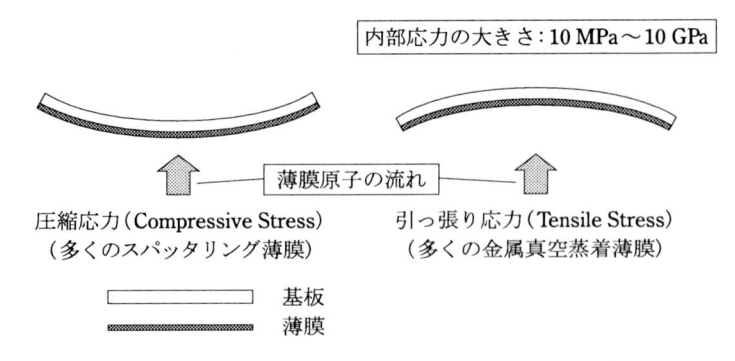

図27 2種類の内部応力．右：引っ張り（Tensile）応力と，左：圧縮（Compressive）応力．

知られていた．膜内に発生する内部応力のために薄い基板が曲がったり，薄膜が基板から剥がれたりすることはよくあったらしい．薄膜の剥がれにも図28に示されたように色々の形がある．

電着膜の付いた基板の曲がりから薄膜内部に生じた内部応力を計算する式は，1909年にはStoneyによって導かれていた．この式は，当初基板のポアソン比の項が含まれておらず，後にホフマンがその分だけ修正した．

ヤング率E_S，ポアソン比v，厚さb，の基板に厚さdの薄膜を形成したとする．円板状の平らな基板が，蒸着された薄膜の内部応力の影響で椀状に変形し，その曲率半径がrになったとすると，力とモーメントの釣り合い条件から，内部応力σは

$$\sigma = \frac{E_S b^2}{6(1-v)rd} \tag{1}$$

また，長さLの短冊形基板の先端がδだけ変位した場合は

$$\sigma = \frac{E_S b^2 \delta}{3(1-v)L^2 d} \tag{2}$$

の形で表される．これらの式は一般にStoneyの式といわれるが，私はv（$=0.2$～0.4）の影響はかなり大きいし，世話にもなったので，ホフマン教授に敬意を表してStoney-Hoffmanの式ということにしている．私の得たニュートンリン

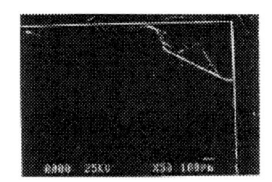

(A) シリコン基板からのチタン薄膜の剥離

(B) ガラス基板上でのフッ化マグネシウム薄膜の亀裂の発生．これも剥離の一種．

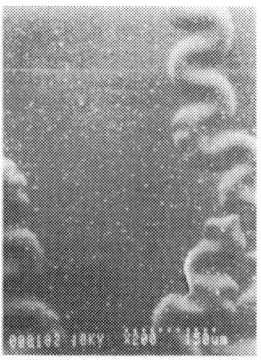

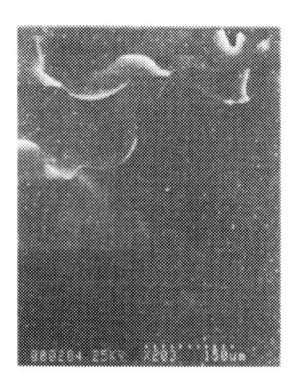

(C) シリコン基板上での TiC 薄膜の内部応力による剥離[8]．左から蒸着時の基板温度 70℃，220℃，340℃．(A.Kinbara and S.Baba:"Internal Stress and Young's Modulus of TiC Coatings" Thin Solid Films, **107** (1983) 359, with permission from Elsevier (Nov. 29, 2012)

図28 薄膜の基板からの自然剥離．基板から薄膜が自然に剥離してしまう現象は，薄膜デバイスなど，薄膜の応用にとって致命的欠陥である．

グの中のましなものの例を図29に示しておく．

　ホフマンの撮ったニュートンリングの写真が私と内部応力との初めての出会いで，以後付いたり離れたりではあるが生涯にわたって内部応力問題と係ることになった．丁度，学位論文をどの方向に持って行ったらよいかもよく分からなかったときであった．自分の性格上，大目標を立てて研究成果を積み上げ，大論文を構築するなどということはとてもできそうもなかった．それで何か小

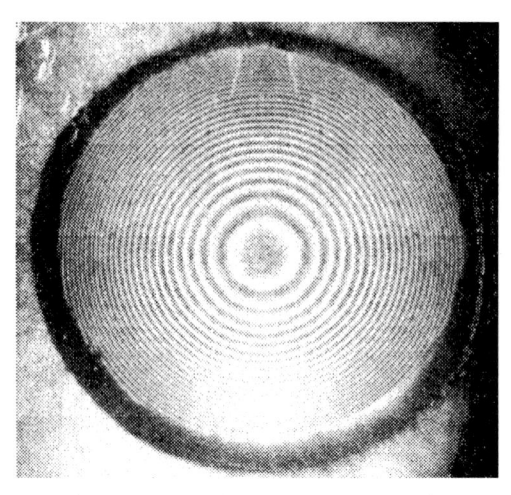

図29 ニュートンリング（Newton ring）の写真．よいレンズをもちいればきれいな縞模様が出てくるが，ふつうに磨いたガラスではなかなかきれいな干渉縞は得られない．

さなテーマから始めて，それをふくらませていくのもよかろうと考え，応力の発生原因を突き止めることから始めることにした．

　しかし，実は研究を始める前から，直感的に応力が発生するのはあたりまえのことではないかと思っていた．薄膜を基板の上に作れば，当然界面にヘテロ接合ができる．薄膜と基板の物質が違えば，弾性定数も熱膨張率も異なる．薄膜が載っている基板というのは一種のバイメタルと言ってもよい．また多くの薄膜の形成過程では試料全体の温度上昇が予想され，実際に薄膜を扱うことになる室温との温度差を考えれば，バイメタリックな効果による基板の歪みが生じるのは自然である．しかしこのバイメタリックな効果は，薄膜作製中の温度上昇を多めに見積もっても，実際に生じる内部応力の10〜20％程度である．内部応力測定の精度の悪さを考慮すると，ほとんどの場合省略できる大きさで，このことは多くの研究者から指摘されるようになった．このバイメタリック効果を起源とする応力は熱応力（Thermal Stress）と名付けられ，実際上無視されることが多く，熱応力を除いた応力を真応力（Intrinsic Stress）と呼んで，これだけを問題にする慣わしがいつの間にか定着してしまい，私もそれに倣うことになる．

私が最も重要と考えたのは，薄膜，基板間にヘテロ接合の界面が形成されていることである．そこには界面自由エネルギーが溜まるはずで，界面を発生源とする応力が薄膜全体に伝搬するのはむしろ自然である．内部応力の大きさは界面自由エネルギーの中のポテンシャル部分あるいは弾性歪みエネルギー部分の大きさとそれが周辺でどのように変化するかに依存するはずと考えた．つまり，内部応力の研究とは界面に溜まった自由エネルギーの大きさや分布の研究と等価と考えたこともあった．

　ところがいざ応力の数値を自由エネルギーから計算で求めるとなると簡単ではないことが分かってきた．そもそも界面自由エネルギーの見積もりの仕方がよくわからない．界面はほぼ2次元で，薄膜，基板間の相互作用のエネルギーと両方の相対的な位置変化に伴うエントロピー変化の差が自由エネルギー変化になるが，たとえば石英基板上の金の蒸着膜を考えても，相互作用の値もエントロピーもどのように見積もってよいかがよく分からない．そもそも，非平衡過程で作られた物質のエントロピーの数値など見たこともない．機械工学や化学の専門家はギブスエネルギーだのケミカルポテンシャルだのということを気軽に言うが，準平衡相の自由エネルギーなどが一義的に決まるものとは思えない．ということで界面自由エネルギーの評価はあきらめた．さらに，基板の大きさが無限大で，界面自由エネルギーが界面内で一様だとすると，応力の方向は薄膜面に対して垂直方向になりそうだが，実測にかかるのは水平方向の応力である．完全に平らな界面の自由エネルギー起源の応力の水平方向成分が存在するためには，エネルギーの水平方向の分布が必要になりそうだ．そうなると，試料が有限の大きさであることを考慮して，エッジやコーナーを考慮した有限要素法による応力解析が必要になる．コンピューターが普及していなかった当時，それはとても私の手に負えることではなかった．その上，薄膜作製条件や膜厚依存性，アニールによる応力値の変化などが多くの研究者により報告されるようになり，理想的2次元界面の界面自由エネルギーだけで応力全体の振る舞いを説明できるものではなく，ずっと泥臭い領域のものらしいことが分かってきた．やはり，界面のみならず，薄膜全体が内部応力発生に関わっているようで，一筋縄では行かないことになる．そこで理屈をこねるのは後回しにしてまず現象を抑えることが重要と考え，本腰を入れて測定にかかることにした．

コラム3　ニュートンリング（Newton ring）

　ニュートンリング（Newton's Ring：ニュートン環）とは，図1に示すように一面が曲率半径の大きな球面，他面が平らな平面である平凸レンズの曲面側を下にして平らな平面板上に置き，平らな方の面に垂直に平行光線を当てると，単色光なら濃淡の，白色光なら虹色のリングがレンズと平面の接触点を中心にして同心円状に現れる現象である．

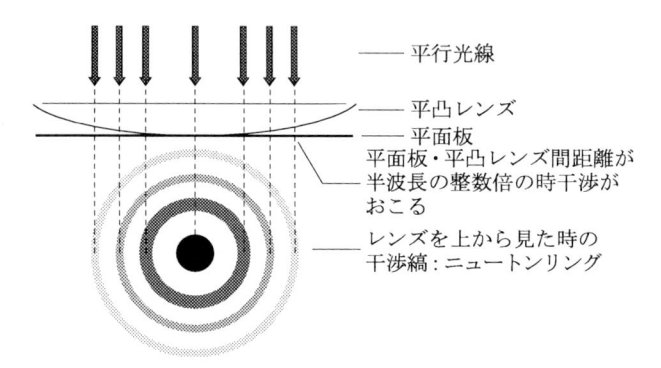

　　　　　　平行光線
　　　　　　平凸レンズ
　　　　　　平面板
　　　　　　平面板・平凸レンズ間距離が
　　　　　　半波長の整数倍の時干渉が
　　　　　　おこる
　　　　　　レンズを上から見た時の
　　　　　　干渉縞：ニュートンリング

図1　ニュートンリング観察の説明図

　ニュートンリングという言葉は，物理の基礎を学んだ人なら一度は聞いたことがあるのではないだろうか．光の干渉効果を示す典型的で，ある意味で最良の実例である．この現象は，R.フックによって発見されたとされているようだが，後にニュートンによる精密な測定がなされたのでこの名前になったらしい．おそらく後世に残る文献で見る限りニュートンが初めて正確な観測を行った現象といってよい．

　文献というのはニュートン著「Opticks」である．ニュートンの業績は間接的には学校の先生たちからは聞くが，実際の本人の文書に触れる機会は少ない．ニュートンの原典の日本語訳で今，書店で購入できるのは力学の原点でもある「自然哲学における数学的原理（原題：Philosophiae naturalis principia mathematica, 通称principia）」（中央公論社）と「光学（原題：Opticks）」（岩波書店）だけではないかと思う．「Opticks」の初版の出版は1704年で1687年初版の「プリンキピア…」よりやや遅いが，「Opticks」の方がよく読まれた

らしい．

　「Opticks」第2版の原典は，かつて私が在籍したことがある金沢工業大学の図書館にあったので表紙の写真を撮ったが，日本語訳があるのに徳川綱吉，井原西鶴の時代の英語を読むことも無かろうと思い，島尾永康訳で読むことにした．本の冒頭，"定義1　光の射線とは光の最小粒子であって，…"と書いてあるので，ニュートンの光の粒子説が定説化したのであろうか．

　ニュートンは薄い物体が示す色（たぶん，干渉色）に大きな興味を示した．彼の記述の中に，彼の宿敵ともいえるR.フックの名著「Micrographia」を引用し，雲母の示す色に触れているところを見ると，干渉色はすでに知られていた現象で，フックはその研究の先駆者といえるかもしれない．

　ニュートンは色の本質を探るため，観測手段としてプリズムをよく用いた．それでニュートンリング（本人はこの表現は使っていないが）の実験

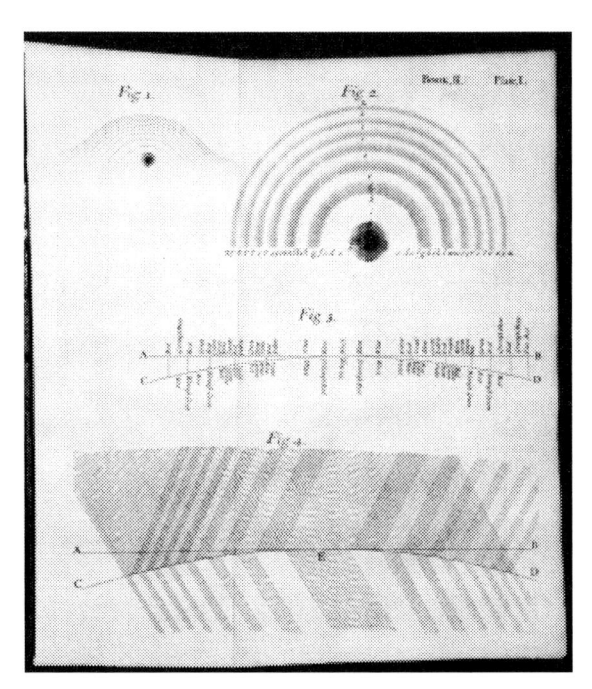

図2　「Opticks」の中のニュートン自筆の光干渉の説明図．

も，二つのプリズムを合わせたときに現れる色から記述が始まっている．プリズムの部分の記述はどうもよく分からないので，レンズ実験の記述に移ると，平凸レンズの平面側を両凸レンズの上に載せ，白色光をあてて環状に現れる図形（ニュートンリング）を細かく観察している．リングの直径が1インチ以下なので，かなり細かい測定になるが，リング径はコンパスで測るらしい．ときどき，"助手が…"という表現が出るところをみると2人で実験をしているらしいが，気の毒なことに名前を書いてもらえない．装置の詳細や測定法が書いてないので実際の過程がよく分からないが，ニュートン自筆のリング図形を図2に示しておく．とにかく，後世にニュートンリングとして名を残した最初の図面といえるのではないだろうか．ニュートンはこのリングが現れる理由を説明しているようには思えない．リングの色が菫から赤まであり，それらの色が全部"干渉"すると白になる．白はこれらの色の集合であるとは述べているが，リングがなぜできるのかについて説明しているようにはなっていない．やはり，明確な説明はヤングに帰せられるのであろう．

　光の波動説からこの現象をはっきりと光干渉効果として説明したのはT. ヤングで，本来ならこれは「フック・ニュートン・ヤングの光干渉環」とよんでもよい現象である．

17. ガラス研磨の達人

　内部応力の測定法には, X線による格子定数測定による間接的な方法を除くと二つの系列があった. 一つは円板状の基板を用い, 内部応力の発生による円板の湾曲をニュートンリングや光梃子で観察する方法で, シリコンウェハー上の薄膜などに適用される. もう一つは薄い短冊を基板として, 片面に薄膜を形成したときの基板の曲がりを, 直接スケールなどを用いて測定する方法である. 私は, 結局は上にあげた方法を両方経験するのだが, 最初はホフマンのグループにならって円板の湾曲をニュートンリングで測定することから始めた.

　具体的には直径 20 mm ほどの薄い円板を基板としてその片面に薄膜を形成し, 金属顕微鏡の試料台に置いてその上に半透膜を載せ, 低圧水銀灯の 546.1 nm の光を平行光線にして試料に当ててニュートンリングを作り, リングの間隔を測微計で測ったり写真にとって後で写真フィルムの上で測定したりした.

　この実験で重要なのは, 基板の作製である. 基板は, 蒸着前は完全に平らであることが望ましい. 薄膜が蒸着され基板が湾曲してニュートンリングができた場合, 湾曲が大きすぎるとリングの間隔が狭くなるので, 観測しやすくなるように基板の厚さを適当にきめなくてはならない. 内部応力の大きさはホフマンのデータから見当が付いていた. それを考えると基板ガラスの厚さとして, 0.2 mm 程度が適当と試算した. それを蓮沼先生に気楽に申し上げたところ, ガラスに詳しい先生が絶句して, そんな薄いガラス板はショットガラスしかないが, 厚さの一様性と表面の平滑度は保証できないといわれた. むしろ厚い石英板を研磨して薄くして貰いなさいと理学部物理学科工作室にいた技官の神谷さんという方を紹介して下さった.

　神谷さんは, 本来はレンズ磨きの達人ということで, 平らで薄いものを作る経験が有ったかどうか知らないが, 無理をお願いした. そこでまず厚さ 1 mm 程度の石英板を使い, 直径 20 mm ほどの円板を作り, それを研磨機で研磨して 0.2 mm ほどの厚さに薄くしたものを数十枚作ってくれた. ただ, いくら達人の作とはいえ, このくらいの厚さのものになると, 厚さの一様性, 基板の反り, 表面の平滑度が全部の試料で十分だったとはいえないので, その中から 10 枚ほどもっとも適当と思われるもの, つまり厚さが一様で, 湾曲がほとんどないものを選んで繰り返し使うことにした. 神谷さんにとってもおそらく初めて

の仕事であったと思うが，おかげで応力測定を行うことができ，学位論文につながったのであるから，神谷さんの名前を書いたお札を神棚に上げて毎日拝みたい気分であった．

18. 余談 ついでにガラス細工の素人と名人

　ついでに，ガラスという材料の工作について一言．

　いま，理工系の学生に対してガラス細工の実技を教えているところがどのくらいあるか知らないが，私の知る限りでは見あたらない．私自身は学部学生時代，ガラス細工で，L字管，T字管や球体を作らされ，ガラスという材料の取り扱いのしにくさをいやというほど，思い知らされた．大学教官になってからは工学部学生のための応用物理実験の担当になり，初めは先輩達の授業を引き継いでガラス細工の実験を学生に課してきた．しかし，実は実験創設以来行われてきたガラス細工実習を私が担当している間に止める羽目になってしまった．その理由のひとつは，1960年代後半から日本全国を席巻した学園紛争のおかげで学生実験室が破壊されて焼失してしまったからである．復興計画の中で，指導の手間や工作の後の後始末の厄介さを考えてテーマから外すことにした．そのことを弁解すれば1960年代頃から，すでに真空系のガラス配管が減り，ガラス管接合の必要性が少なくなってきたことが背景にある．

　私自身はガラス細工に関しては最後までずぶの素人の域を出ず，素人がよくやるへまを全部経験した．自慢にならない経験だが，ずいぶん火傷をした．ガラスは，当然高温で細工をするが，作ったものを置いておいても熱伝導，熱放射が悪く簡単には冷えない．しかし，少し温度が下がると，ふつうの透明体に戻り，それが高温かどうか分からなくなる．それでつい触ってしまい指に火ぶくれをいくつも作ることになった．これも玄人が顔をしかめることだが，爆発事故をよくおこした．といっても怪我をするような事故ではなく，簡単にいえば風船の破裂のようなものである．ガラスの球を作るときは直径8 mm〜10 mmのガラス管の一端を融かして閉じ，他端から空気を吹き込む．管を回転しながら穏やかに空気を吹き込めば球ができる．ところが，融かし方や吹き込み方が悪いと風圧で球が破れて穴が空いてしまう．とくに息の吹き込みを急激にやると，球が爆発してガラスの破片が飛び散る．ただし破片といっても非常に

薄くて小さいガラスの箔である．その時かなり大きな爆発音がするので，時にはびっくりして隣の研究室から人が飛んできたりする．この飛び散ったガラスの箔の中には紙のように薄い破片が含まれ，天井まで飛び散ると，床まで落下するのに数分かかるものもあった．これはもしかすると応力測定基板に使えるかと思い何回か意図的に爆発させて破片となったガラス箔を拾ってみたが，薄すぎるのと，厚さが一様でないのとで使用に耐えそうなものはついに見つからなかった．

　余談の余談になるが，工作室に中村さんというガラス細工の名人がいた．この方にガラス管の置き接ぎ (2本のガラス管を台上に固定してバーナーで加熱して接合する技) をお願いしたことがある．私がやると接合部だけがやけに太くなって，しかも下に垂れ下がり，まるで河豚の串刺しのような形になるが，中村さんがやるとどこが接合部かよく分からないほど見事にくっつく．中村さんにパイレックスガラスと並ガラスという軟化点も線膨張率も大きく異なり，素人にはとても接合できないガラス管の接合をお願いしたことがある．彼は間に線膨張率がだんだん変わるいくつかの異種ガラスを入れるという私から見れば神業に近い方法で見事に接合をしてくれた．

　神谷さんや中村さんのような技の持ち主は，公務員という枠の中に納めるのには勿体ないような人たちであった．今の時代，このような達人，名人はIT化の進む大きな組織の中では居場所を失いつつあるようで，残念でならない．

19. 応力の発生原因　いろいろあるらしい

　さて，実際の応力測定の結果を述べよう．作りやすさから，まず金，銀の薄膜を作って測定したが，当初はばらつきが大きくて，何がなんだか分からない状態が続いた．第一原因は，基板の形のちょっとした曲がりの存在と応力計算に必要な膜厚の精度不足である．膜厚測定のことは別に述べるが，100 nm 以下の膜厚の薄膜の内部応力は研究者によりばらつきが大きい．これには膜厚評価が関係していると思う．それに，1 nm から 10 nm の薄膜では薄膜の構造が島状構造になっている場合が多く，44頁の (1)，(2) 式の d の値に何を入れるべきか，そもそもこれらの式が使えるのかが問題になる．

　しかし，測定を繰り返して場数を踏んでくると，だんだんデータのばらつき

が減って少しずつ応力の振る舞いが分かってくるから不思議である．薄膜作製時の真空や蒸着速度，そして，基板の選択などがうまくなって，データの安定性，再現性が上がってきたのであろう．少なくとも 100 nm 以上の厚さの薄膜の内部応力については自信のあるデータが得られるようになった．ただ，10 nm の桁になるとばらつきが大きくなった．私に言わせれば，ばらつきの責任は膜厚測定にあり，それは薄膜構造とくに島状構造にあるのであり，ようするに応力を決めようとすることに無理があるのである．

　100 nm 以上の膜厚の薄膜に関する多くの研究者の測定結果を総合すると，基板材料，薄膜物質，薄膜形成方法，形成時の条件がきまれば，概ね内部応力の値の桁数はきまっており，大部分の実用的な材料では，それらの値は図27に示したように10 MPa～10 GPaの範囲にあり，私のデータもその範囲内に入っていた．

　ただ，応力の発生原因については今でも明確な結論が出ているようには思われない．というよりも，原因がいくつかあり，どれが重要かということは，作製条件や薄膜，基板の材料によって異なると考えた方がよい．

　考えられる応力原因は

1. バイメタル効果
2. 界面自由エネルギー
3. 表面張力
4. 体積変化
5. その他

になると思う．5のその他に関して多くの議論が積み重ねられてきたが，その前に素朴に1～4をまず検討すべきではないか．1は薄膜，基板のヤング率，線膨張率，蒸着温度などが分かれば推定でき，先に述べたように多くの場合はあまり大きな寄与はないと考えられる．2もすでに述べたが，必ず存在するが，どのくらいの影響があるか見積もるのがあまり容易でない．界面構造と自由エネルギーの関係はもっと真剣に調べられてよいテーマである．3は2と異なり，基板が薄膜で覆われて，一番上にある薄膜の表面張力（表面自由エネルギー）の値が分かれば，それが応力の発生源と見なせるが，その値に関するデータもあまり豊富でなく，それから応力が見積もられる物質はきわめて限られる．

　見逃せないのは，4の体積変化である．薄膜が基板上に積もり，しっかり基

板に付着してから，体積変化がおきたら，基板が変形する．これはすなわち内部応力の発生である．これに関しては，同じ研究室の修士課程にいた堀越 弥さん（後，日立製作所），助手の田村規子さんが短冊形のアルミニウム箔の上に作られたアンチモン薄膜の内部応力測定で面白い結果を出していた．純粋のアンチモン薄膜は実用的にはあまり価値のないものであるが，現象的にはきわめて興味深い性質を示す．

　アンチモンは，常温で蒸着したときは非晶質状態で，それを常温で放置すると徐々に結晶化するのである．しかも，結晶化の過程が緩やかで，光学顕微鏡で明瞭に非晶質部分がほぼ円形の結晶に変わる過程が観察できる．この結晶化の過程と内部応力との関係を調べ，結晶化によって内部応力が劇的に変化することを観察した．結晶化は体積の減少をもたらすと考えられ，それに応じて引っ張り応力が生じることから，体積変化が応力発生原因の一つになりうることが分かる．

　非晶質からの結晶化は一つの相変化であるが，もっとふつうの相変化（一次相転移）は液体→固体の変化であろう．薄膜の形成過程における相変化は一般には気体→固体と考えられているが，この過程が，気体→液体→固体という液相を含む変化になる可能性もある．このことに関して，助手だった魚住清彦さん（後青山学院大学副学長，社会情報学部長）が興味ある結果を出した．魚住さんはまれなくらい優れた実験家で，測定に多くの工夫をこらした．短冊型の基板の応力による曲がりを測定するのに基板の先端に対向して小さな電極を置いて基板との間にキャパシターを作り，曲がりを電気容量変化に変換できるようにした．それを高周波ブリッジに組み込んで，当時，井上回路といわれた高精度の測定回路でその電気容量変化を蒸着中に測定し，内部応力の*in-situ*連続測定を可能にした．ついでであるが，彼はこのキャパシターに低周波電圧を印加して基板を振動させて共振振動数を求める振動リード法によって薄膜の弾性率を求め，さらに低周波電圧を切った後の振動の減衰から薄膜の内部摩擦を測るという非常に優れた装置を作っている．ただ，彼の開発した薄膜の応力・弾性率・内部摩擦の3量*in-situ*測定法が他で受け入れられなかったのは，当時は需要が少なかったこと，あまりにsophisticatedなやりかたで，他人が追従できなかったからであろう．　彼の作った回路を図30に示しておく．

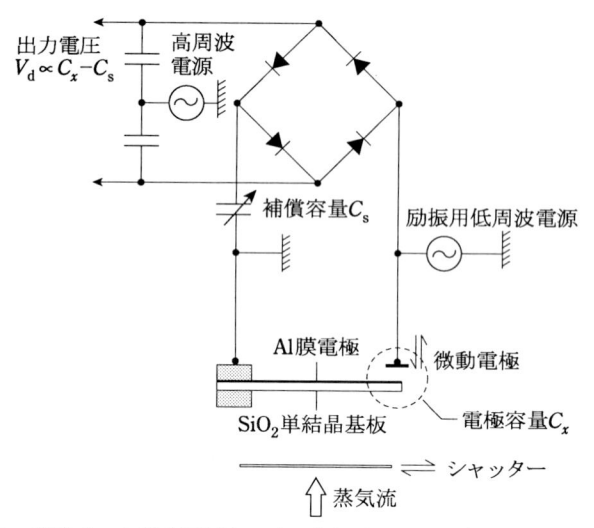

図30 応力, 弾性率, 内部摩擦測定回路（魚住清彦さん作製）. 薄い板でできた片持ち梁の一端を固定し, 一つの面に薄膜を蒸着し, 全体を一つの電極とみなし, その曲りを電気容量に変換する. まずその曲りを測定して内部応力を決める. それに低周波電圧を印加して共振点から弾性率を決める. その低周波電圧印加をやめて振動の減衰を求め, 内部摩擦を求める.

　彼は上記の方法でビスマス蒸着膜の内部応力を測定して, それが圧縮応力を示すことを見出した. ビスマスは液体→固体の相変化で体積膨張を示す数少ない物質の一つであり, 圧縮応力発生の結果と符合する. 同じ性質を示すガリウムの薄膜についても圧縮応力の発生が報告され, 薄膜の形成過程では液体→固体の相変化が起こる可能性が応力測定の方から示されたことになる.

　結局内部応力の発生原因の一つには薄膜形成後の薄膜の体積変化がありうるという素朴な結論がでた. 応力発生に関して, かなり多くのモデルが提案されてきているが, 欠陥構造などを考慮した精緻な議論が行われる前に薄膜が基板に載って伸びたり縮んだりするからという素朴な説明がまずあってよいような気がしている.

20. ホフマン研究室で

　さて, 滞在先であるケースのホフマン教授の研究室でも日本にいたときと同様に, 直径が1円玉ほどの薄い平らな円盤状のガラス基板上に鉄の薄膜を真空

蒸着し，内部応力による基板歪みで発生したニュートンリングを作ってガラス基板の変形を観測して求めた．

あてがわれた真空蒸着装置は，日本で使っていたのと構成上はほぼ同じで，鉄製の台の上にガラス製ベル型真空容器（ベルジャー）が置かれ，排気系は油拡散，油回転ポンプ系，電離真空計付き，トラップ無しであるが，全体的にずっと大型で，到達圧力は 10^{-5} Pa が容易に実現できた．ベルジャーはパイレックスガラスで，台との間のガスケットがバイトンであったので，それが到達圧力に関係していたかも知れない．日本の大学の研究室では今でもそれほど普及していない方式だと思うが，油回転ポンプの排気系は太い配管を経由してすべて隣の部屋におかれていた．この部屋にキニー，ゲーデ，センコ型など数台の油回転ポンプが置かれ，いろいろの真空装置から排気された気体はこの部屋からダクトを通って外に流れていた．ポンプは全部，常時稼働中で，私の1年4ヶ月の在任中停止したことはなかった．

蒸着に関わる部分は自作したが，私が一番時間をかけたのはシャッターと基板保持台の設計である．ホフマン教授が，蒸着時間の制御をかなりやかましく主張したので，基板の前におくシャッターを，強力なばねを使って電気的に高速でスライドさせる装置を設計した．厚さが5 mm程度のステンレス板にシャッターを移動させる溝を掘って，蒸着源からの薄膜原子の流れを通す窓の開閉をする形にしたが，マシンショップの職人達は気軽に工作してくれた．さらに，熱応力の影響を避けるため基板を水冷して，ある温度範囲内に設定するよう強く要求されたので，ステンレス製の基板保持台に無酸素銅の水冷パイプをはんだ付けで取り付けるのにも苦労した．

私のケース滞在は，出張上の制限のため，1年4ヶ月ほどで終わらざるを得ず，内部応力データとしては私の持つ他の物質のデータに，鉄を加えただけで，応力発生原因を突き止めるまでには至らなかった．ただ，ここで得たデータは，私の得たデータの中で制御性，再現性では一番信頼度の高いものになった．基本的な実験の過程は日本で行った実験と余り変わらないのにどうしてアメリカでは再現性のよい結果が出たのか未だに分からない．結局はマシンショップの職人達のレベルが高く，その結果，真空装置の性能が高く，蒸着の制御がよくできたことによるのだろうと思っている．

21. 恥さらし　SK過程の孫引き引用

　もう30年以上も前のことであるから，恥をさらしてしまおうかと思う．
　薄膜が基板上に成長する過程については，実験，理論の両面から多くの研究がなされ，モデルが提出されてきた．現在，薄膜の成長過程は三種類あるということがほぼ確立している．学会の会誌や講演会の総合報告，解説などでは第一線で活躍している研究者達がこの三種類があることを前提にして講演したり解説記事を書いたりしており，私もそのよう書いたり話したりしてきた．これからも，よほど新しい展開がなければ，薄膜の成長過程の解説では，まずその三種類を説明することになると思う．
　この三種類とは
　1. 核生成・成長［Volmer-Weber 過程：以下 VW 過程と略記］
　2. 単層成長［Frank-van der Merwe 過程：以下 FM 過程と略記］
　3. 単層上核生成［Stranski-Krastanow 過程：以下 SK 過程と略記］
の三つの過程である，私は個人的にはもうひとつ，
　4. ステップ・フロー［Burton-Cabrera-Frank 過程］
を付け加えたい．4.は結晶成長論における Kossel 機構といってもよいのではないかと思うこともあるが，今ここで殊更に取り上げて話題にしたいことではないので，これ以上触れない．問題にしたいのは3.のSK過程である．といっても過程に関する学術的な話というより，原典の存在ないしは著者の名称に関する話である．
　1～4の過程を説明する出発点となった原典は1930年代から1950年代のものであるが，3.を除く原典は，私も一応は読んだか眺めたかしたような気がするし，比較的入手しやすいので，読んだ人もいるだろうと想像している．ところが，3.に挙げた論文は，実際は何が原典なのか分かりにくく，私を含めた多くの著者が読まずに引用しているのではないかという疑いがあるのである．そのように疑い始めた理由は，SK過程命名のもととなった論文の著者の一人であるKrastanowの名前の標記にある．元となると思われる原論文では，Krastanowとなっているが，一般に流布されている本や雑誌ではKrastanovの方が圧倒的に多いのである．

薄膜成長過程になじみのうすい読者のために，上に挙げた三つの過程に，ステップ成長を加えた四つの過程を図31に模式的に示しておこう．簡単に言えば，VWは薄膜原子が基板上で凝集して薄膜原子が島状に成長，FMは基板上で薄膜原子が層状に成長，SKは薄膜原子がはじめの2～3層までは層状に成長するが，その上では島状に成長する過程である．この差は，薄膜原子間相互作用と薄膜・基板間相互作用の強さの差により生じると考えられる．SK過程が知られるようになったのは，GaAs/Si (111), Ge/Si など，Si 上の半導体基板上での半導体薄膜の需要が増え，その成長過程に関心がもたれるようになってからである．

まず，SK過程そのものの認知度であるが，薄膜の基礎を解説しているいくつかのテキストを見てみる．以下にSK過程に触れているものとそうでないものを自分の手元の本箱から適当に拾って発行年順に挙げてみた．古い本は概してこの過程に触れていないように見える．テキストが散逸していて，統計を取れるほどではないが，触れていないのは

1) H.Mayer: Physik dünner Schichten, I, II (1950, 1955)
2) K.L.Chopra: Thin Film Phenomena, (1964)

FM（単層成長）：$\gamma_{fs}+\gamma_f<\gamma_s$　　VW（核生成）：$\gamma_{fs}+\gamma_f>\gamma_s$

基板

SK（単層上核生成）　　SF（ステップ・フロー成長）

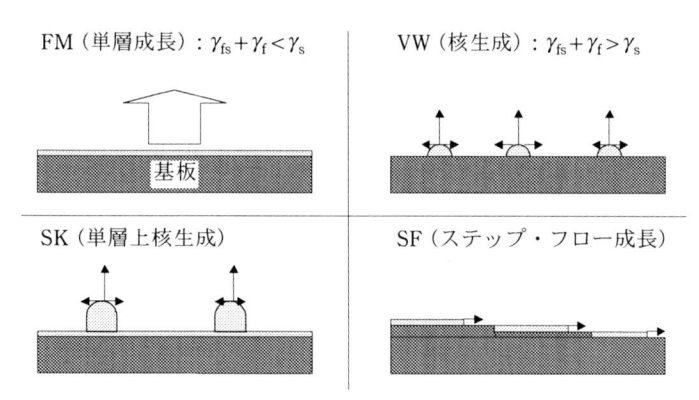

図31　薄膜成長過程の三つの過程 +α．島状（VW），層状（FM）のミックスした過程が層上の島状（SK）である．これに筆者の好みで+αとして，ステップ・フロー（Burton-Cabrera-Frank）過程を付けくわえた．これは結晶成長論におけるKossel機構と同じである．γは表（界）面自由エネルギー，添字のfs, f, s は，それぞれ薄膜・基板間界面，薄膜表面，基板表面を表す．

3) 水島宣彦，原留美吉，玉井康勝：薄膜物性工学・界面物性工学, (1968)
  4) 本庄五郎，八木克道：薄膜・微粒子, (1974)

などで概して古いものである．一方，SK 過程の名前が出てくるのは

  5) 金原 粲，藤原英夫：薄膜, (1979)（自分の著書で恐縮！）
  6) 日本学術振興会薄膜第131委員会編：薄膜ハンドブック, (1983)
  7) D.L.Smith: Thin-Film Deposition, (1995)
  8) 西永 頌：結晶成長の基礎, (1997)
  9) E.S.Machlin: The Relationships between Thin Film Processing and Structure, (1995)
  10) 中嶋一雄：エピタキシャル成長のメカニズム, (2002)

など相対的には新しいものである．

　自分の本を含んでいるので書きにくいが，後半の5)～10)に挙げた6冊ともKrastanow を Krastanov と書いている．最後の Machlin の本では Krastonov になっている．どうやら Krastanow 氏はあまり有名人ではないらしい．調べてみても，彼の名のつく論文は後で挙げる論文のほかにはちょっと見当たらない．最近の Thin Solid Films 誌で，"Stranski-Krastanov Process" を検索してみると，10件ほどの論文が出てくる．その中で，8件は Krastanov，1件は Krastanow，1件は両方混合であった．私は，外国人の名前のことに詳しいわけではないが，姓に2通りの標記がある欧米系の研究者に遭遇したことはない．だから，私は Krastanov は誤記であろうと勝手に決めている．ただ，私の姓の読みである「キンバラ」が，「キンパラ」（実はこの方が圧倒的多数派で，父親の故郷である今の静岡県掛川市付近の村では，昔は一村の半分くらいの家がキンパラさんであったそうだ）となっている程度のことか，もっと大きな誤りかはわからない．とにかく他人の論文をよく読んで引用するときは著者の名前には気を使うものであるから，論文を読んでいれば5人そろって同じ間違えをするということは考えにくい．むしろ5人全員が読んでいないと思った方が納得がいく．

　たぶん，他人の書いた本や解説の孫引き，ひ孫引きを続けているうちに，Krastanov というつづりが確立してしまったのであろう．そうなると，相対的に，一番責任があるのは上記の5人の中では一番初めに出版した私自身という

ことになってしまう．といっても，私が1975年以降で薄膜テキストを始めて書いたとも思えないし，SmithやMachlinなどの外国人が私の著書を読んでいる筈もないので，全面的に私に責任があるとはいえないと思っている．とにかく私自身は本を書いたときはだれかの孫引きをした挙句に間違えた．ただ，Stranski und Krastanowの考えはともかくとして，現在SK過程と呼ばれる過程そのものはもはや動かぬ事実として，研究者間で通用している．

22. 罪滅ぼし

　自ら原典を読んでいないと書いたが,本が出版された当初からそのことは気にはなっていた．ところが，執筆当時，国内外の解説論文をみても，SK過程という言葉はあっても，SK過程の論文としての引用が見当たらなかった記憶がある．

　あるとき，いろいろの学会の講演要綱集などを見ている内に偶然，"Grundprobleme der Physik dünner Schichten"というドイツのClausthal-Göttingenで1965年に行われた国際シンポジウムのProceedings（1966）に行き当たった．その中でG.M.PoundとH.Kargeが核生成の解説を書いており，"Die Theorie von Stranski und Krastanow"という一章を設けているのを発見した．それで，その元となると思われる論文を探し当てたのが，I.N.Stranski und L.Krastanow: Monatshefte für Chemie, **71** (1937) 351という私にはまったくなじみのない雑誌の論文で，題名は"Zur Theorie der orientierten Ausscheidung von Ionenkristallen aufeinander"である．読者に証拠写真のつもりで図32に論文の第1ページを掲げておく．

　以下は,著者が自分の論文の校正段階で自分の名前が誤記されていることに気がつかないことはあるまいという前提である.私自身の著書が誤記を含んだまま出版されてしまった後で,後の祭りではあったが罪滅ぼしに上記の論文を読んでみた．

　Stranskiは結晶成長関係では名の知られた人でかなりの数の論文発表があり，引用もされている．ところが共著者であるKrastanowという人は，この論文以外に名前が見当たらない．所属はUniv. Sofiaとあるので，2人ともブルガリア

人だろうか．StranskiにはKaischewとの共著論文が数点あり，Kuleliewという共著者の論文もあるらしい．彼等の方がSKのKにふさわしい可能性もないでもない．

実を言うと，この論文はかなりわかりにくく，読んでも私がイメージとして持っているSK過程がはっきりとは浮かんでこない．題名からいうとエピタキシー発生理論に近い論文かとも思うが，そうともいえない．表題のorientiertenがどこでどう説明されているかはっきりしない．要するによくわからない論文である．わからない理由の第一原因は私の語学力，理解力不足であるが，記号の説明が足りなくて何を求めているのかよくわからないことも一因である．どうやらStranskiが発表した他の論文の記号を説明ぬきで使っているのではないかと疑われる．彼は化学系の人なのか，ほかの発表論文誌は1930年代のZ. Physic. Chem.が多く，そこまでたどるファイトは私には残っていない．

そこで勝手に自分の都合のよい言葉を使って2人の論文を解釈ないし曲解す

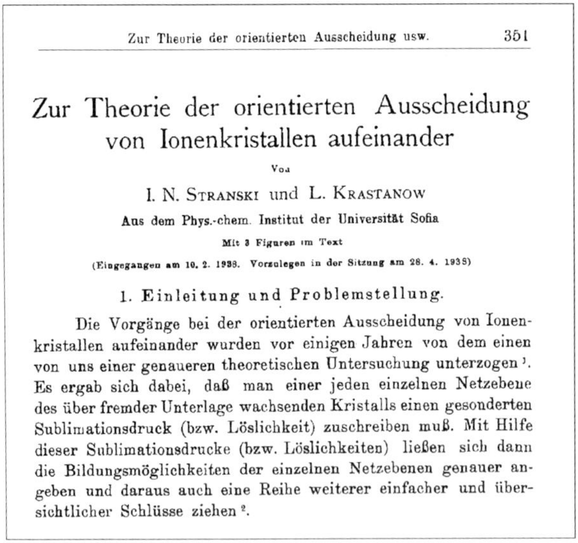

Zur Theorie der orientierten Ausscheidung usw. 351

Zur Theorie der orientierten Ausscheidung von Ionenkristallen aufeinander

Von

I. N. Stranski und L. Krastanow

Aus dem Phys.-chem. Institut der Universität Sofia

Mit 3 Figuren im Text

(Eingegangen am 10. 2. 1938. Vorzulegen in der Sitzung am 28. 4. 1938)

1. Einleitung und Problemstellung.

Die Vorgänge bei der orientierten Ausscheidung von Ionenkristallen aufeinander wurden vor einigen Jahren von dem einen von uns einer genaueren theoretischen Untersuchung unterzogen [1]. Es ergab sich dabei, daß man einer jeden einzelnen Netzebene des über fremder Unterlage wachsenden Kristalls einen gesonderten Sublimationsdruck (bzw. Löslichkeit) zuschreiben muß. Mit Hilfe dieser Sublimationsdrucke (bzw. Löslichkeiten) ließen sich dann die Bildungsmöglichkeiten der einzelnen Netzebenen genauer angeben und daraus auch eine Reihe weiterer einfacher und übersichtlicher Schlüsse ziehen [2].

図32　Monatshefte für Chemie（化学月報とでもいうところか）に掲載されたSK過程の出発点とされたと推定される論文の第1ページ（部分）．特にKrastanowの名前のWに注目．

ると，NaCl型の2価の単結晶基板に格子定数の同じ他の1価のイオン結晶が凝縮した場合の蒸気圧変化を計算しているらしい．手前勝手を承知で，現在のSK過程といわれる過程に結びつけるように解釈を続けると，始めの1層だけは強い相互作用でくっつくので層状成長が起こるが，2層目になると，基板からの相互作用が減り，蒸気圧が高くる．その結果，層状の凝縮が抑えられ，薄膜原子間の3次元的な凝縮が起こりやすくなるというようなことではないかと思う．70年以上前のこのわかりにくい論文一つで後世に名を残してもらったKrastanowさんは，名前を誤記されることが多いとはいえ幸運な研究者であった．

23. 後に同じような論文が…

　表面物理あるいは表面化学など，表面屋に分類できそうな人たちの中に気体の吸着，脱着過程に関心を持つ人達がいて，このような私と少しだけ異なる業種の人たちから，私は非常に多くの知識を貰って来た．Stranski und Krastanowも表面研究者に属するのではないかと思う．もともと薄膜形成過程は原子の表面吸着過程であり，気体分子の吸脱着過程と本質的な違いはない．したがって，吸脱着過程の研究が薄膜形成過程の解明に役立つであろうということは容易に想像がつく．誰の研究で，実験的にはじめてSK過程が認識されたかは知らないが，表面屋さんと思われる人たちの中にはかなり古くから，見方によっては薄膜形成といってもよい原子分子吸着過程に関心を持った研究者はいた．

　私が薄膜形成過程は，なんとなく原子が空間から基板に落ちてきて，ころころ転がりながら固まっていく過程だと単純に考えていたとき，薄膜原子と基板原子が化合物を作る可能性があることを教えてくれたと思ったのは，ベル（電話）研のR.J.H.Voorhoeve, J.N.Carides and R.S.Wagner（以下VCWと略記）らがJ. Appl. Phys., **43** (1972) 4876, 4886に掲載した二つの論文である．これにはGe単結晶基板上のCd薄膜形成過程を，当時出始めたばかりのMBE装置を用いて調べた結果が載っている（Voorhoeveはカタカナ標記でどう書いたらもっとも適切か分かる人がいたら教えてください）．

　この論文は有名らしいから，読んだ人も多いと思うが，結論だけ簡単に述べ

ておこう．MBE装置からCd原子は一定の粒子束で基板に飛来するとする．Cd薄膜形成の初期過程は，Cd-Cd原子間の相互作用が弱いので，Cd-Ge原子間の相互作用できまる．実質的にはCdはGe基板の吸着サイトにトラップされる．吸着サイトがCdで埋まり，基板表面にCdリッチの化合物ができると，Geが覆われてその影響が減る．その結果，その化合物の上では吸着サイトへの吸着ではなく，供給されたCd原子同士の相互作用による核形成，凝集がはじまり，核や島が形成される．

　この考えは，現在SK過程と呼ばれる薄膜形成過程の説明と同じと思ってよいのではないだろうか．それにStranski und Krastanowの理論とも類似しているのではないかと思える．ところが，Voorhoeveらは彼等の論文で，SKの論文にまったく触れていない．彼等はSKのことを知らなかったのか，それとも引用に値しないと考えたのだろうか．この論文の査読者はSKをどう思っていたのか，今となっては調べることも容易ではない．

　初めてSK過程の話を聞いたときは，そんな過程がありうるだろうかと多少は疑念を感じていた．しかし，VCW論文を読んでいるうちにだんだんありそうだという気になってきた．さらに，オージェ電子分光法の発展と表面屋さん達の努力のおかげで，もはや疑いを挟む余地はなくなった．そういう状況で，著者のスペリングなどを気にする暇人はお前だけだといわれそうだ．vでもwでもどちらでもよい，瑣末なことにこだわるなと叱られるかも知れないが，テキストを書く人は，できるだけ原論文にあたる必要があるということまで否定する読者はいないと信じている．

　私の学力不足は十分に自覚しているし，論文の検索能力もはなはだ乏しい．どなたかSKの論文の正確な解説をし，この論文がSK過程の原点として相応しいかどうか検証して欲しいものだ．私が見当違いの論文を挙げてトンチンカンな議論をしている可能性だってある．ついでに薄膜形成過程の一つにSK過程という名称をつけた功労者の名前を調べていただけないかと思っている．私が読んだ論文の中では，かつて薄膜形成過程研究の旗頭の一人であったE.Bauerが前掲の"Grundprobleme der Physik dünner Schichten"やThin Solid Films, **12** (972) 167に載せたエピタキシーの解説論文が記憶の中ではSK過程

に触れている古い方の論文である．それらの中で，彼は自身のZ.Kristallogr., **10** (1958) 372の論文を引用しながら薄膜形成過程を自ら三つに分類したように書いているが，原論文が手に入らないので，どのように分類したか確かめられない．もしかするとBauerがSK過程の命名者かなどと思ったりもした．そんなことを気にするのはお前だけだ，これもどちらでもよい瑣末でつまらぬことだと叱られそうだが，私は科学，技術の世界では，誰が初めに成したかを明らかにしておくことは結構重要だと思っている．

24．膜厚とは何か考えた．ますます分からなくなる

　1967年の年末，当時「真空」誌の編集委員長であった故富永五郎先生からお電話で，「真空」誌に膜厚測定の解説を書いて欲しいとのご依頼があった．自分の実力から考えて荷が重かったが，膜厚測定の重要性は認識していたし，勉強になることだと自分に言い聞かせてお受けした．このときの解説記事は，「蒸着薄膜の膜厚測定法 (I), (II)」という題名で，真空，**11** (1968) 373, 407 に掲載して頂いた．

　当初は，私が試したり，読んだりした膜厚測定法を一応網羅するつもりであったが，(I) で膜厚とは何かを考えただけで精力を消耗し，(II) で具体例をいくつか書き連ねたところで力尽きた．文末に（つづく）と書いたのに富永先生からの督促がないのをよいことにして，40年以上経ち，富永先生が故人となられた今でもまだできていない．したがって水晶振動子法のような最重要の方法の詳細が載っていない．読者には申し訳なかったが，あえていえば膜厚とは何かを考えるヒントを提供したことでお許しを願った．ただし，膜厚とは何かという問いに答えが出たかといえば，自分では答えが出せていない．考えるとますます分からなくなるものだということが分かっただけである．

　さて，「真空」誌での解説は途中で放棄してしまったが，薄膜の研究で不可欠な測定量は膜厚であるという思いはずっと変わらない．薄膜という物体は「厚さ〜nmの薄膜」というように膜厚によって表現されてはじめて実在するものとなる．膜厚抜きでは，自分の研究している対象物が何かがはっきりしないという不安な気持ちにさせられる．ところが，いざ膜厚が分かってみても，そ

の値で何が明らかになったかがうまく説明できない不思議な量である．例えていえば人間の姓名みたいなもので，名前の分からない人と対峙すると雲をつかむような気分になるが，名前が分かったからといってそれだけでは，その人の人格，能力が分からないのと同じことかもしれない．

　物体が二つの平らな表面を持ち，それらの上で互いに平行な2平面が定義できるときは，その2平面間の距離として厚さを定義できる．窓ガラスのようなふつうの物体の厚さなら，こんな仰々しい言い方をするまでもなく，自明である．それが薄膜ではなぜ簡単にいえないかというと，多くの薄膜がゼロの状態から原子を堆積させるボトムアップと呼ばれる方法で作られるからである．薄膜の形成過程を，電子顕微鏡の内部に蒸着装置を持ち込んで観察すると，はじめは何も見えないのは当然として，非常に多くの場合，図31のVW過程で示したように，核ができて島状構造が観察されるようになる．さらに島がつながった連続的構造になっても表面の凹凸が大きく，平滑な2平面などないのである．そのようなとき，まずどこから薄膜と呼んでよいものになったかということがはっきりいえない．ただ，ある程度堆積が進むと電顕では島状にみえても裸眼では，何かが基板表面を一様な厚さで平らに覆っているように見えるようになる．同じものが裸眼と電子顕微鏡とでまったく違って見えるとき，マクロ概念の厚さをミクロの世界に適用するには，ミクロの世界では存在しない2枚の平行平面を「みなし行為」で作り出さざるをえない．

　一般論を言うと，「みなし行為」には薄膜とは何かという問題もかかわってきて，人間とは何かという問いの答えを探すことに似てくる．受精したばかりの卵子は人間といえるのか，臓器ができていない胎児はどうか，などなどいい出せばきりがない．

　薄膜に関しても，定義の難しさは同じで，たとえば1mm角の基板上に薄膜原子が1個存在する状態は薄膜が形成された状態かと聞かれても，答えに詰まる．もう少し現実的な問題として，量子ドットは薄膜かといわれても，見方によるというよりほかはない．その物なり状態を作った人が薄膜を作った，といえばそれは薄膜とみなされるのが薄膜の世界である．うっかりすると，「薄膜とは何か」という問いは，議論のための議論を招きかねない．私のように理工

学畑に長年漬かって来た人間には，見る人の視点次第というような議論は苦手である．そこで，ここではぐっと現実的になって薄膜作製装置といわれる装置で薄膜原子を基板上に堆積させたとき，電顕観察で島の成長が観察できるくらいになってからの状態を薄膜として，膜厚をどう決めたらよいかを考えよう．

　島状構造についてはすでに述べてきたので，膜厚の決め方が面倒になりそうだと見当がつきそうだが，それでは厚くなって島から連続的な構造に移れば，膜厚は楽に決められるかといえばそうとは限らない．VW過程でできた薄膜は概して多結晶で，格子面がいろいろの方向を向いている．結晶成長の速度は格子面に依存するので，薄膜が連続的な構造になっても，その表面は結晶成長速度に応じた凹凸が生じる．その一例を図33（AFM像）に示した．

　膜厚の定義は先に述べたように2枚の平行平面をどのように定義するかできまるが，簡単のため基板の方は完全に平滑な平面としておく．そうなると，膜厚は薄膜表面の平均的な面（以下平均面ということにする）をどう取るかにかかってくる．最もわかりやすい決め方は，とにかくなんらかの方法で薄膜表面の形を描いて，それから平均的な平面を考え出す方法である．

　具体例の一つは，図34に示したように表面粗さ計の応用である．薄膜の存在する部分としない部分との境界の段差の付近を尖った針に荷重をかけて段差を横切るように走査し，針の上下運動を記録して段差を求め，膜厚を決める方

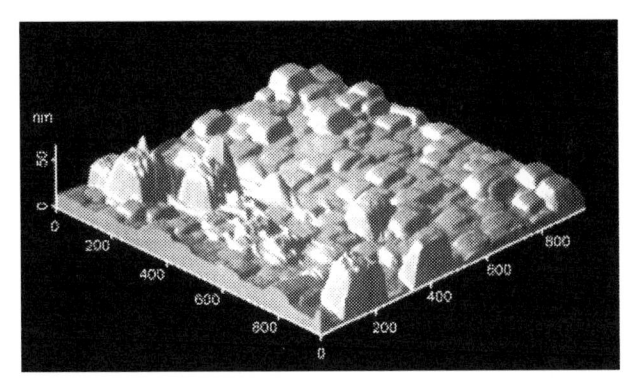

図33　連続的な構造を持つ高温超伝導薄膜の表面の凹凸：Si基板上に作られたSiC薄膜，スケールはnm．すべての薄膜表面がこのような形になるわけではないが…（産業技術総合研究所 吉田貞史先生提供）

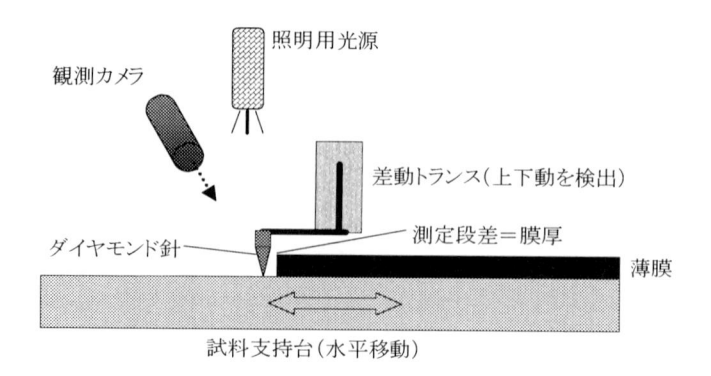

図34 触針型膜厚計の原理図．移動している針が膜厚に相当する段差のところで上下に移動する．その上下動をトランスのインピーダンス変化など，電気的な量に変換して検出する．

法である．これは現在，触針型膜厚計としてかなり多用されている．ただ，段差は針をある距離だけ走査しないと分からないから，段差の近くの基板表面および薄膜表面両方の形を示す線を得ることになる．そこで，たとえば薄膜表面の凹凸線から最小二乗法で基板に平行な直線をきめ，その直線と基板との距離を平均膜厚と定義することができる．これはいわば幾何学的あるいは形態（形状）的な厚さである．このように薄膜表面の形で決められた形態的な膜厚をここでは，厚さ Thickness の T と形態 Morphology の M をとって T_M と記すことにしよう．針の走査は，本来 STM や AFM 観察などで行われているように2次元的に行われるべきであろうが，多分機械的な走査の難しさや測定時間，コストの面などから，ほとんど1回スキャン（走査）するだけで，1次元的に行われており，現在はそれで平均面がきめられるとして我慢している．

　昔話になるが，1966年ごろだったと思う．研究室に製品である粗さ計の性能では世界的に有名な外国の会社の担当者が，粗さ計を発展させた膜厚測定装置の売り込みに来た．当時としては珍しいダイアモンド針使用で，針先端の曲率半径は公称 12.5 μm だが最小は 1 μm まであるとのことだった．説明を聞いたときは思わず，"欲しい" とつぶやきかけた．しかし価格が当時の研究室予算の数年分に相当して，とても手がでる代物ではなかった．買えないと思うと，

ますますすばらしいものに見えたが，実際に試してみると，問題点もあることがわかった．担当者が持参してきたデモンストレーション用のSiO$_2$薄膜試料ではきれいな段差が確認でき，nmの桁が測定できた．ところが私が作製した100 nm程度の厚さのAg薄膜では，針が薄膜に引っかき傷を作ってしまい，きれいな段差が現れない．針にかかる荷重は30 mg程度であったと思うが，これでもAgのような柔らかい金属薄膜を測るには大きすぎた．今は，いろいろのメーカーが優れた触針型膜厚計を開発し，販売しているが，そのときは結局，触針型の膜厚計は諦め，後述のTolansky法で安上がりに，手間暇かけてT_Mを測ることを長期にわたり続けることになった．メーカー持参のSiO$_2$薄膜と自家製の銀薄膜を走査したときの針の動きを図35に示す．

触針法で得られた段差のパターンや透過型電子顕微鏡の断面写真，SEM，

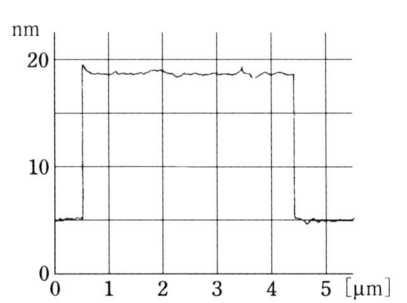

SiO$_2$薄膜（較正用標準）のTalystep 1によるプロファイル

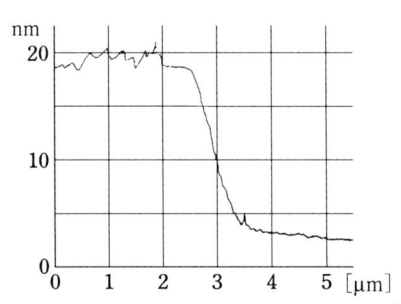

銀蒸着膜（ガラス基板用）のTalystep 1によるプロファイル

図35 SiO$_2$と銀薄膜の上を針で走査したときの針先端の動き[9]．銀薄膜では針が薄膜中に潜り込み，薄膜を破壊することもあり，繰り返すと形がだんだん崩れてくる．

AFMなどで調べてもらった写真などを総合すると，図33のような極端な例ばかりではないが，表面がnmのスケールで平らといえる薄膜などほとんどない．そこで，表面をなぞって凹凸の平均から膜厚をきめるT_Mのことを考えた．

光学用の材料であるMgF$_2$などの薄膜を反射防止条件を満たすように$T_M \sim$ 300 nm前後の厚さすなわち可視光線の半波長の整数倍に作ったつもりでも，ナノスケールで表面を見ると10 nm程度の凹凸ができている．表面の凹凸のため光の反射防止条件を厳密に満たす箇所など殆どないのである．それでもマクロ的に平らなら薄膜内部に干渉を生じ，反射防止効果が現れる．おそらく凹凸といっても光の波長よりはずっと小さく，干渉条件自体が，ある波長，ある光路の周辺で幅を持つことによるのであろう．しかし凹凸にも程度があり，周期や振幅がどの程度なら干渉条件が満たされるか，その限界があるはずである．またどういう平均面を考えてT_Mを決めれば干渉条件としてもっとも適当なのか，考えようと思いながら，考え方の指針がつかめず，とうとう表面の凹凸と光の干渉との関係を深く追求せずに過ごしてきてしまった．さきに，平均膜厚を考える際，表面の凹凸を最小二乗法で直線に近似して平均面を求めると書いたが，それはただよく知られた近似法だからというだけのことで，ひとつの可能性に過ぎず，近似直線の求め方をきちんと考えた結果ではない．T_Mをどう決めるべきかは一つのテーマになりそうである．

どうせ暇だから，残りの人生をこのことに費やしてもよさそうだが，実は経験上，薄膜にかかわる技術的な問題の中には，よく考えても，いい加減に目の子でやっても結論があまり変わらないものが多い．努力しても徒労に終わるような気がして真剣に取り組むことを躊躇している間に時間だけが経っている．

25. 便利は便利だが…

薄膜がどのようなmorphologyを持つかに無関係に，決まった面積の質量で薄膜の厚さを決める膜厚測定法がある．厚さというのはもともと幾何学的概念であるから，形状に無関係というのは原理的には厚さ測定にならないはずだが，一般には厚さ測定法のひとつとされ，それで不都合は生じておらず，多くの研究者が満足している．

具体的には水晶発信器の圧電性水晶振動子の共振振動数は水晶の厚さだけでなく，水晶に電圧を印加して振動させるために付けられた金属電極の厚さ（質量）にも依存することを利用する．したがって，電極上に図36（A）に示したようにさらに薄膜が付着すると，電極の質量が増したのと同じ効果が現れ，振動子の共振振動数が変化する．その変化を観測して薄膜の質量を求めることで膜厚が決められる．もともとは，水晶発信器の周波数微調整の技術であったといわれる．

この膜厚測定法は，ベルリン工科大学のSauerbreyの開発とされ，彼の文献上の発表は1959年のZ.Physikである．1950年代といえば，まだトランジスタよりは真空管の時代で，当時の日本の状態から類推して，ドイツでも，第2次

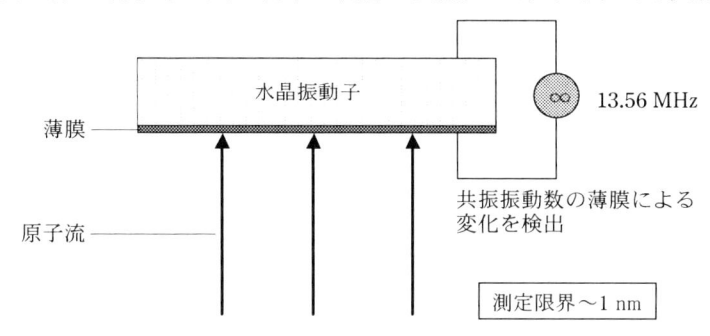

(A) 薄膜原子の原子流が水晶振動子に蒸着

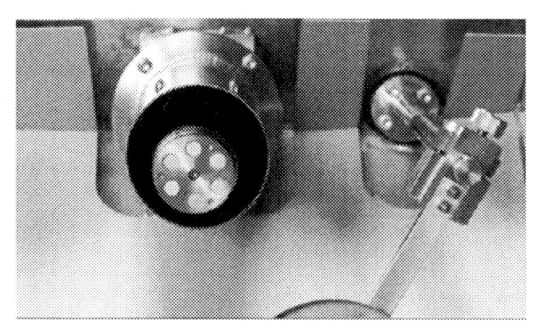

(B) 企業で使われる内部交換型

図36 水晶振動子膜厚計．(A) 原理図，(B) 一つの振動子上の薄膜の厚さが，厚くなりすぎて使用不能になっても，外へ取り出さずに回転して次の振動子に交換できるシステム（㈱シンクロン提供）．

世界大戦による破壊からの復興途上といえたのではないか．したがって研究環境がそれほどよかったとも思えない．原理は発信器の発信周波数の微調整技術の応用に過ぎないとはいえ，どうしてこのように高精度を必要とする一方で需要の予測のつかない製品を，復興途上国が生みだすことができたのだろうか．戦後に驚異的発展を遂げたドイツ国民の持つ底力の賜かもしれない．

　この方法は日本では水晶振動子（Quartz Crystal Ocillation）法として普及したが，国際会議に出るとMicrobalanceといわれて戸惑った．当時，私が理解していたマイクロバランスといえば，故藤原史郎先生（当時筑波大学教授）と共同研究者の寺島 浩さんらが開発していた10^{-9} kgあるいはそれ以下の質量を真空中，in-situで測る天秤型の質量測定器のことであった．その原型は私が勝手に師匠と思い込んでいるH. Mayerらのグループの開発したMikrowaage，つまりマイクロ天秤といってよい．藤原史郎先生は，つねに厳密さを追求されてきた教養人で，硬い信念をお持ちでぶれるということがなく，私は研究者の範とする方だと思っていた．先生たちが作ったマイクロ天秤の原理図を図37に示した．

　詳細は省略するが，石英基板を細い石英棒に付け，石英棒を水平に張られた細い石英線の上にバランスをとりながら溶接する．そして石英基板の一方に薄

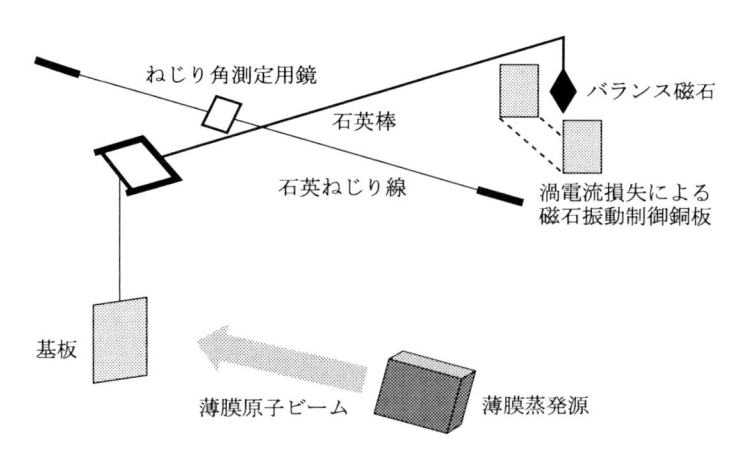

図37　マイクロ（ねじり）天秤の例．

膜が蒸着されることにより生じる石英線のねじれを光梃子で測定する天秤である．精度としては水晶振動子を上回るが作製に職人技を必要とし，大量生産むきとはいえなかった．現在ではこのような本来の意味でのマイクロ天秤を使っている研究者は残念ながら世界的に見ても途絶えているようだ．

さて，水晶振動子型膜厚計の水晶基板上に蒸着された薄膜の質量は共振振動数変化から求められるが，それから厚さを求めるには薄膜物質の密度の値を必要とする．この密度にバルク値を適用してよいという保証はない．しかし密度を別途，求める手段が見当たらなければ，結局は理科年表などに載っている密度の数値を無条件に使用することになる．つまり，われわれは，薄膜とバルクの密度は同じであるという重大な「みなし行為」をしたことになる．

ここで，密度に関する注を加えておきたい．1970年代前半，助手だった魚住清彦さん（青山学院大学社会情報学部教授）が厚さ 1 μm 程度で 10 mm 角の銀の薄膜を作り，基板から剥がして銀の密度を測った．このくらいの厚さになると，厚さも測定法にあまりよらなくなり，誤差あるいはばらつきも数%以内になる．その結果では密度はバルク値とほぼ一致した．さらに物質の剛性率 G と密度 ρ との比の平方根は音速に比例することを利用し，銀薄膜を発信機の水晶に垂直に立てて超音波を伝搬させ，自由端からの反射時間を測定して音速をきめるという離れ業を行った．その結果，音速はバルクとあまり変わらないこと，すなわち G もバルク値に近いことを確かめた．これらのことから，面心立方金属薄膜に限ってであるが，きわめて大雑把に，μm がバルクと薄膜の境目になりそうだといってもよかろうと考えるようになった．

閑話休題，水晶振動子であろうとマイクロ天秤であろうと，決まった面積上に付着した薄膜物質の質量が求まるのであるから，物質の密度が与えられれば薄膜の厚さを決めることができるはずである．この水晶振動子法で測定された膜厚をここでは Quartz の Q をとって T_Q と書くことにする．T_Q 測定器は薄膜全体の質量を与えてくれる．しかしそれは，薄膜の持つ特有の形態の情報は完全無視である．T_Q が与えられると，われわれは薄膜には形があるということを忘れがちである．しかし，同じ質量でも，原子が基板上に一様に分布している場合もあれば，島状に分布している場合もある．薄膜原子を一辺の長

さが 10^{-10} m＝10^{-7} mm の立方体としてみよう．これが 1 mm 角の基板上に一様に隙間なく分布すれば，膜厚 10^{-7} mm の板ができたといってよい．このとき，基板上の薄膜原子の総数は $1/(10^{-7})^2=10^{14}$ 個である．極端な場合，もし，この原子すべてが基板に垂直に一列に並べば，長さ 10^{-7} mm×10^{14} 個 ＝10^7 mm＝10 km の 1 本の棒となる．T_Q 測定では原理的には，この厚さ 10^{-7} mm の板と長さ 10 km の棒が，同じ膜厚として記録されるわけである．水晶振動子法は *in-situ* 測定で，しかも電気的測定であるため，薄膜作製過程の制御に使うことができて，利便性が高く，非常に普及している方法である．薄膜作製の手順が確立し，ルーティン化され，マクロ的，常識的にみて薄膜といえるものが作られるところでは，これに勝る膜厚測定法はないといってもよい．しかし，T_Q は薄膜の形態に関して何の知識も与えてくれないことも忘れてはならない．

26．Farewell to dear Prof. Tolansky

　私の研究室での生活の半分くらいの間，膜厚測定は Tolansky 法，別名繰り返し反射干渉法または多重反射干渉法（Multiple Beam Interferometry）などとよばれる方法で行った．薄膜表面の形だけに依存する方法だから，前に述べた記号によれば T_M 測定に属する．この方法の開発者である Tolansky はこの方法だけを記した本を 1948 年に表しているくらいの入れ込みようである．振動や温度変化を避ける目的で，そのための建屋を建てたと聞いた．

　これは，段差のある平面上で，段差付近にできた等厚干渉縞のずれの測定から段差の高さをきめる方法で，多重反射による干渉効果のため干渉縞が非常にシャープにできる精度の高い測定法である．ただ，T_M 法に共通した段差の測定法であるから，薄膜が存在する部分としない部分とがあって，そこにシャープな段差ができていなくてはならない．そのため膜厚測定は，実際の試料で行うことはできない．試料となる基板の横に膜厚測定用の基板おき，その半分だけ板で覆って薄膜が付着しないようにして設置し，膜厚測定用基板の上にできた段差を測ることになる．図38（A）に，馬場 茂さん（成蹊大学教授）が撮ってくれた干渉縞の一例，図38（B）に（等厚）干渉縞発生の原理図を載せる．干渉縞がくねっているところが薄膜と基板の境界で，この部分の段差と干渉縞

間の間隔の比に照射光の半波長をかければ段差の高さ，すなわち膜厚になる．

　しかも干渉縞は反射率が高いほど鋭くなるので，精度を上げるためには段差のある試料全面に銀を蒸着して全体の反射率を上げなくてはならない．そこまではよいが，干渉縞を作るためには試料の上に半透膜を置かなくてはならない．半透膜の市販品は高価なので自作することにした．そこでごく薄い半透明状態の銀薄膜を作った．それを基板とごく僅かに角度を付けて置き，平行光線

(A)

(B)

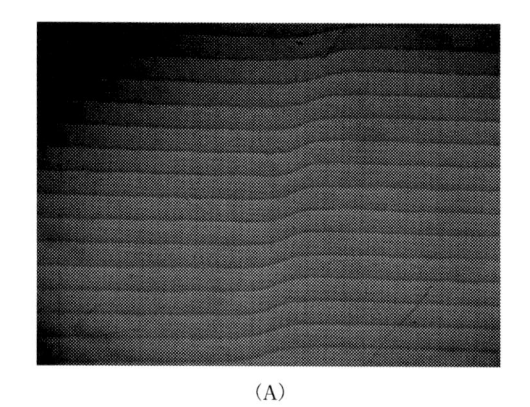

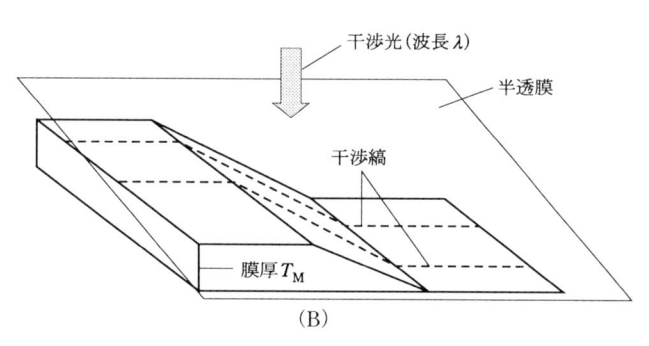

図38 Tolansky 法による膜厚測定の例．(A) 光学顕微鏡で見た干渉縞の例（成蹊大学 馬場 茂教授提供）．光学顕微鏡の視野の中で，干渉縞間の距離と段差との比を測り，用いた光の波長を λ として，比の $\lambda/2$ 倍 = T_M で厚さ T_M を決める．(B) 干渉縞ができる原理．段差の上に薄い半透膜を図のように水平面からわずかに傾けておき，上面から波長 λ の単色光の平行光線を照射すると，半透膜と薄膜間距離が $\lambda/2$ の整数倍のところにだけ干渉がおこり，干渉縞が観測される．図では破線で示してある．段差は見やすくするためにやや誇張して斜めになっている．

を垂直にあて，試料と銀の半透膜との間にできた干渉縞を観察する．その半透膜は，反射率が高ければ（銀の厚さが厚ければ）干渉縞はシャープになるが透過光の強度が弱くなって干渉縞の明るさが減る．そのため適当な透過率あるいは反射率の銀の蒸着膜を作るのが一仕事である．膜厚測定用の試料作り，反射率増加用銀薄膜の蒸着，銀の半透膜作製，そしてその半透膜をほんの少しだけ傾けて試料の上に置いて等厚干渉縞を作る作業は，初めのうちは干渉縞の美しさに見とれたりして楽しかったが，これを何百回も繰り返しているうちにだんだん面倒くさくなってきた．光源はレーザーなどない時代であったから，低圧水銀灯の波長 546.1 nm の緑色の光を使った．これはかなりシャープで輝度が高いので，フィルターが無くても十分に干渉縞観察ができたし，その方が観察面が美しく見えた．われわれの測定では精度はせいぜい 10 nm，かなり頑張ってよい条件を見つけ，測定を繰り返して平均をとっても数 nm がやっとというところであったが，Tolansky は 1 Å つまり 0.1 nm の精度でマイカなどの段差を測ったそうである．彼の本を眺めると，確かにわれわれとは桁違いにシャープな干渉縞の画像が得られている．これはすごいとは思ったが，彼の場合は段差測定そのものが目的になってしまっているのだから，われわれのようなただのユーザーの精度が及ばないのは当然と諦めることにした．いままで，Tolansky が自ら撮影した干渉縞ほど見事な縞模様を見たことがない．彼には敬意と驚異を感じると共に，これだけに人生をつぎ込むことに少々息苦しさも感じる．欧米には，Thomas Young のように，医学，考古学にまで手を広げた多彩な物理研究者がいる一方，このようにある限られた一つのことだけに執念を燃やす研究者がいることに一種の畏怖を感じた．今でもこの測定法は生きており，その結果も散見されるが，Tolansky 法の欠点の一つは，膜厚の測定が蒸着の完了後一旦試料を真空装置の外に取り出してからかなりの作業を加えないとできない点である．

　それに測定のための作業の面倒くささが加わって何とかこの方法から逃れられないかと思っていたころ，前出の水晶振動子膜厚測定器が市販された．私が購入できたのは 1970 年代ではなかったかと思う．今は，当たり前のように使っているが，これがわれわれの手に届く価格で市販されるようになった時は，天

からの贈り物を受け取る気分であった．

　いま，膜厚測定法の大勢は水晶振動子法，さらに触針法に移動しつつあるように見える．私個人も膜厚測定法について聞かれたら，Tolansky法（今でも市販品がある）は積極的には薦めないで，お金があるなら水晶振動子法か触針法の方が楽だよというだろうと思う．やはり，膜厚測定の手間の違いが大きすぎた．Tolanskyに対する畏敬の念は今でも変わらないが，Sauerbreyに対する感謝の念の方がそれを少しだけ上回ってしまったということである．

27．膜厚が分かっても…

　私が，膜厚とは何かを少し真剣に考えるようになったのは，実は膜厚をTolansky法から水晶振動子法に変えて測るようになってからである．Tolansky法は薄膜表面を光で全面を照らす方法であり，マクロ的ではあるがある意味で2次元的な観察ができる．曲がりなりにも薄膜とじかに接触しながらの測定ができるので，物理の実験をしている気がした．ただし，喩えていえば饅頭の皮だけを見るようなもので，饅頭のサイズは分かっても餡の有無はまったく分からない．一方，水晶振動子法では，薄膜の姿に接することなく膜厚がメーター上に現れる．秤に何か載せて目盛りだけを見せられたようなもので，台の上に載っているのは大きな葬式饅頭がひとつか小粒の一口饅頭が10個か分からない．私のように，対象を直接見たり触ったりしながら測定しないと落ち着かない人間には，どうにもすっきりしない方法である．

　最後に膜厚の意味が分からない例を挙げておこう．膜厚を与えるということは，薄膜を構成している物質の物性，あるいは物質定数をきめられるという意味を持つ．逆に，物質定数を既知とすれば，物性から膜厚を決めることもできるはずである．前にも述べてきたが，平らな物体たとえばガラス表面におかれた島状薄膜も人間の目だけで見る限り薄く一様に膜状に張られているように見える．したがって一様と「みなした」物体の膜厚をたとえば水晶振動子法から強引に決めることはできる．こうして決めた厚さ $T_Q \sim 0.5$ nm の金の薄膜で電気抵抗を測定すると，図15で記したように，面抵抗が $\sim 10^{14}\ \Omega/\square$ となり，比抵抗を無理に計算すると，$\rho \sim 10^5\ \Omega\mathrm{m}$ という，表にあるAuの比抵抗値 $\rho \sim 10^{-8}\ \Omega\mathrm{m}$

より13桁も大きな値になる．逆に，比抵抗は上のバルク値であるとして，面抵抗値から膜厚を計算すると，0.5 nm どころか $d \sim 10^{-22}$ m $= 10^{-13}$ nm というような原子の大きさより12桁も小さい数値になり，意味がない．

　物性から膜厚を決める方法はときにナンセンスな値を導く可能性があり，厚めの光学用薄膜以外あまり薦めたくない方法である．

28．くっ付く＆剥がれる

　薄膜の基板へのくっ付き加減について述べてみたい．くっ付き加減というとそれこそいい加減な表現なので，物理量として数値的表現が可能なくっ付き加減を付着ということにする．薄膜デバイスは，薄膜が基板にしっかり付着しているから機能を発揮できるのであって，剥がれたら機能を失う．薄膜の付着というのは1930年代にはすでに問題視されていた課題である．先に12節でパロマー山天文台反射望遠鏡のアルミニウム蒸着を行ったJ.Strongの名前をあげた．彼は当時のカリフォルニア工科大学研究員で，すでに実験の名手として知られていた．その彼が1935年，Rev.Sci.Instrum., **6** (1935) 97に発表した基板表面の清浄化に関する論文の中で，ほんの数行ではあるが，ガラス基板をグロー放電に曝すと，tenacity（ねばり強さ？）という表現を使って，その上に作られた真空蒸着アルミニウム薄膜の付着が，向上すると報告している．このとき彼が用いた付着の評価方法はScotch tapeを貼り付けて薄膜を引き剥がす方法で，私が知る限り，これがスコッチテープテストとして知られる薄膜の付着評価のはじまりである．のみならず，これが薄膜付着評価全体の始まりかもしれない．現在は単にテープテストと呼ばれるようになり，日本語でいう付着は英語ではほぼadhesionで統一されている．この方法は簡便さのゆえに今でもよく用いられるが，ふつうの使い方をする限り要するにテープに貼りつくかどうかのyes-noテストに過ぎず，付着という物理量測定ではなく，実はくっ付き加減のいい加減な評価法に過ぎない．

　私が薄膜の付着に関心を持ったのはアメリカ出向から帰った1965年直後からである．上司であった蓮沼 宏先生は旧機械試験所のご出身で，当時の所報をときどき見せて下さった．その一つに，潜水艦の潜望鏡や測距儀の反射防止

膜の耐久性評価の論文があった．それは，皮袋に砂のようなものを入れて，それに荷重をかけて薄膜をこする一種の磨耗試験器を用いた測定だったと記憶している．恐ろしく泥臭い仕事に思えたが，同時にこの問題に物理学の光を当てたら，応用物理の格好のテーマになりそうだと生意気なことを考えた．直感だが，これは簡単な仕事に見えて意外に複雑で，遣り甲斐がありそうにも思えた．この複雑という直感は，はずれはしなかったが，複雑さは一向に単純化できず，研究すればするほど複雑さは増すばかりであった．そして分かったことは，薄膜の付着を測るためには，どうあっても薄膜を基板から剥がさなくてはならないという当たり前に見えることであった．つまり，付着は剥がれ方，剥離の仕方で判断される．しかし，その剥離のプロセスにもいろいろあり，それによって，得られる数値や，単位が異なるというあまり測定時に意識されていないこと，つまり違う物理量がえられるということの重要性がだんだんにはっきりしてきた．

　付着を評価するために薄膜を剥がす行為は試料を破壊することを意味する．したがって製品になった薄膜自体の付着を評価することはできない．それを避け非破壊測定を行うため，薄膜・基板間相互作用をモデル化し，薄膜の弾性測定だけで付着を評価することも試みられてはきた．たとえば，モデルとして，薄膜と基板の間の相互作用をばねで置き換え，ばね定数で付着を代表させる．薄膜の弾性的性質にはそのばね定数が影響する．そこで薄膜表面のある点にレーザー光照射し，急激な加熱による熱膨張で表面弾性波を励起，伝搬させる．その伝搬速度は界面の弾性（ばね定数）に依存するので，それを測定してばね定数を決め，その数値で相互作用を表す付着の指標とする方法である．しかし現段階で，このモデル化はかなり大幅な単純化で，ばね定数と現実の付着との間の関係が明確でなく，付着を表す数値を求めるには実際に剥離を起こして確かめる必要があり，今のところは剥がす行為から逃れられない．

　付着の実用的評価法として，テープテストのほか，古い文献では引っ掻き法：O. S.Heavens: J.Phys.Radium, **11** (1950) 355．　摩耗法：L.Holland, "Vacuum Deposition of Thin Films"(Chapman & Hall Ltd., London, 1960) p.102 などがよく知られていた．

図39 1982年,日本で講演したときの Dr. O. S. Heavens. 光学薄膜の研究者としてよく知られているが,文献上は引っ掻き(スクラッチ)法による薄膜の付着測定を最も初期の段階で実行した人といわれる.

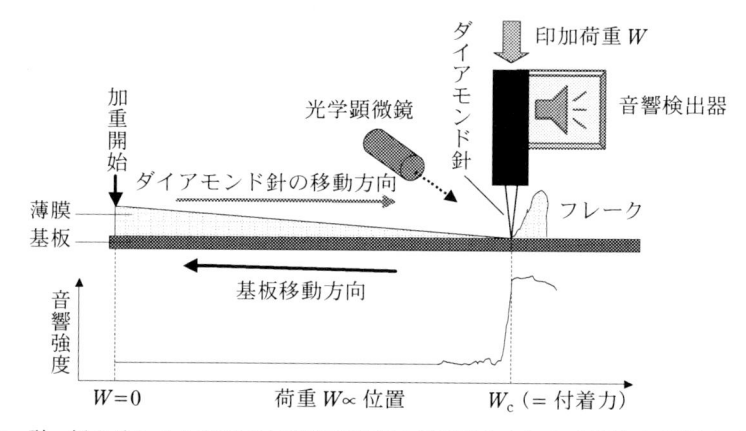

図40 引っ掻き法による薄膜の付着測定装置の発展形とされる音響検出型装置の原理図.針に荷重をかけながら薄膜を走査し,針が基板に到達しても実際にどの荷重で薄膜の剥離が生じるかの判定が難しかった.Hintermann[10]らは,剥離が生じると,薄膜・基板間の摩擦が変化して,発生する音が変わることを利用して判定する装置を開発した.

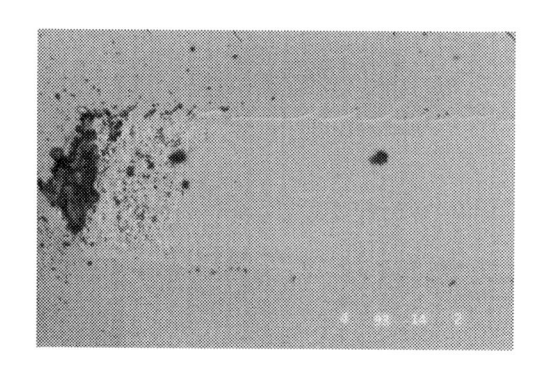

図41 針が荷重とともにもぐって行く軌跡を示す光学顕微鏡写真(成蹊大学馬場 茂教授提供).

ただ，これらに述べられている方法だと，付着の強弱の順序付けはできても物理量としての数値が求まらない．そこで物理量としての付着を求める方法を調べる必要があると考えた．私がどこかで調べたのか，自分で考えたのか記憶がないが，だれでも考え付く定量性のある方法として，リベットを薄膜に接着し，それを垂直に引っ張って薄膜を基板から引き剥がす引っ張り法を使おうと考えた．これには当時普及し始めたエポキシ系強力接着剤が，固化の際の体積変化が比較的小さい上，強力で容易に手に入るようになったことも関係している．

29．測定器は自作で十分

　少し話が飛ぶが，1960年代前半，私の勤務先であった東大工学部の応用物理実験室に堀内次男さんという技官がいた．長野県の松本深志高校を卒業して地元の電気会社に就職していたが，その後東京理科大学の2部物理学科に入学し，昼間は東大に勤務していた．彼は驚くほど有能な人物であった．彼が描く機器の設計図面など本格的で，工作室に持ち込むと，担当者がこういう図面の機器なら喜んで作りたいといってくれるほどであった．学生実験器具の整備や保守に抜群の能力を発揮し，学生実験を完璧に運営する一方で，非常に信頼のおける性格の人物として自分と同年輩の学生の指導を立派にやってのけていた．その彼が4年生になると，自分の大学の規定にある外部卒研という制度に従って東大の私の研究室で卒業論文を書いてもよいということになった．

　彼がいくら有能でも，まだ学部学生であるし，まともな装置など何もない貧乏研究室に来たのであるから，そこは覚悟を決めてもらって，必要な装置はすべてを自作してもらうことにした．テーマは，私がずっと気にかけていたが，卒業研究で研究室に来た東大の学生があまり興味を示さなかった薄膜の付着を手がけてもらうことにした．

　私が付着の問題を気にかけていた理由は，はじめに述べたように，応用物理のテーマとして適当と考えたからである．具体的には薄膜・基板間の相互作用はどのような捉え方をしたらよいかという物理的興味があった．付着は薄膜，基板双方の原子同士の相互作用を単純に加算すれば求まるかを知るため，相互

作用をファン・デル・ワールス力と仮定して剥離に必要な力を試算した．そうするとその試算値は実測値より1～2桁大きいことがわかった．この違いは金属の塑性変形や破断の発生が金属原子間結合の全体的同時変化では説明できず，転位の導入という部分的逐次変化の導入ではじめて説明されたことを思い起こさせた．薄膜の付着測定は剥離測定でなされるものであり，剥離は金属の破断に対応して，薄膜全部が同時に剥離するのではなく，逐次的変化，つまり部分的に剥離が進行して最終的に全体が剥離する過程を伴うこともあると考えた．

　もう一つの理由は，物理量としての付着の数値は実用的にも重要だという考えがあったからである．実際に薄膜を使う立場になれば，付着は耐久性の重要な指標の一つであり，数値をきちんと表示してこそ十分な意味を持つからである．

　さらにもうひとつ，付着データのばらつきの原因を調べたいという動機があった．以前から，付着データのばらつきが大きいことはよく指摘されており，今でもあまり改善の兆候が見られない．このデータのばらつきに関心を持った理由は，学部学生のときに聴いた平田森三先生の「統計現象論」の講義の影響が大きい．物理現象の中にはたとえば原子核の崩壊や熱雑音のように本質的に時間，空間分布を持つものがある．それとは別に，ガラス繊維の破断のような破壊現象は，一般に一定刺激（引っ張り応力）に対する応答（破断強度）が一定でなく，ばらつく．後者のようなばらつき原因の中には材料処理技術に起因するものと，本質的な原因（実際は制御困難なミクロ的構造欠陥など）があり，破壊現象は本質的原因をもつ統計現象であるということを教えてもらった．このことがずっと尾を引いていて，薄膜の付着のばらつきも，ただ試料の作製法や測定法の問題だけなく，付着は剥離と不即不離であり，剥離は破壊現象に近い本質的な統計現象で，測定データは不可避的にばらつきを持つのではないかという思いが強くなってきていた．統計現象だとすると，測定を多量に行う必要があり，そのためには多量の試料を作って，それを手際よく測定する必要があった．堀内さんはそれを自分の工夫だけでやってのけた．

　まず試料には，付着が弱いことが知られていたガラス基板上の金の真空蒸着薄膜を選ぶことにした．その作り方であるが，堀内さんはガラス基板をほぼ10 mm角とし，それを蒸発源からほぼ等距離の位置に30個くらいおける試料保持

台を作って載せた．これで同じ真空，同じ蒸着速度で，膜厚約80 nmの金薄膜を多数作ることができた．そして真鍮で直径6〜8 mmくらいのリベットを，自ら旋盤を回して数十個作り，試料が出来上がるとエポキシ系接着剤でリベットを試料表面に貼り付け24 hr程度かけて固化させた．

　十分に接着剤が固化したあと，リベットの先を小型のピンバイス（pin vise: ピンを挟める万力）で挟み，バイスを市販のばね秤につなぎ，そのばね秤をどこかの廃品からはずしてきたモーターにつないで，低速でばねを引っ張るようにした．薄膜がリベットに付いたまま剥がれると，リベットが基板近くのストッパーで止められ，同時にストッパーを押し付けてばね秤を引っ張るモーターの電源スイッチを切るようにし，剥離に要した荷重をすぐに読み取れるようにした．堀内さんの作った装置を図42に示した．この装置で少なくとも測定を試みた試料数だけは，自称世界一（ただし客観的根拠なし）といえる数になった．当時発表されていた付着測定の論文を見ると，試みた試料数が1〜数個の場合もあったが，統計分布を求めることを意識して多くの試料を試した測定は，われわれの測定以外にはあまりなかったと思っている．

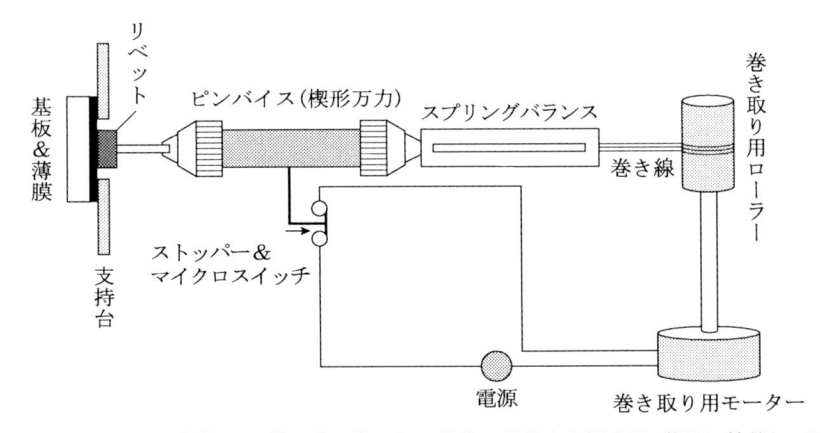

図42　堀内さんが自作した引っ張り法による薄膜の付着応力測定器．薄膜に接着しているリベットをピンバイスで噛んで，それにつながるスプリングバランスに付いている巻き線をローラーで巻き取り荷重をかける．薄膜が剥がれた瞬間，ピンバイスがストッパーで止められ，同時にマイクロスイッチが働いて，巻き線巻き取り用のモーターが停止し，剥離に要した引っ張り荷重が読み取れるようになっている．

1980年ごろ，アメリカで行われた国際会議の展示会で，アメリカ製の付着測定器を見たことがある．機器の大きさはコンパクトでデザインはずっときれいにできていたが，原理も性能もわれわれの機器とほとんど同じであった．この測定器の価格が当時の円換算で約5百万円と聞いて魂消た．堀内さんは私の研究室に校費をはるかに上回る額を寄付してくれたのである．

30．測ってみたら案の定…

　研究の詳細は，堀内次男，山口十六夫，金原粲：真空 **11** (1967) 285 に掲載されているが，念のため中の測定結果を示す図面のひとつを図43(A)に示す[11]．結果はヒストグラムで表され，応力 F で剥離した試料数を相対頻度 $p(F)$ で表してある．この図で試みた試料の総数は約300個である．

　応力が F に達するまでに剥離した試料の総数を $P(F)$ とすると，

$$P(F) = \int_0^F p(F) dF \left[= \sum_0^F p(F) \Delta F \right]$$

で与えられる．そこで，極値統計学で知られているワイブル（Weibull）分布を念頭において，$\ln\left[\ln\left\{\dfrac{1}{1-P(F)}\right\}\right]$ vs $\ln F$ の関係をプロットしてみると，図43(B)に示すようになんとか直線とみなせそうなグラフが得られた．もし薄膜の剥離測定が材料の破断強度測定に類似していて，付着のもっとも弱い箇所の剥離強度が得られるなら，分布はワイブル型になるはずで，これは目論見どおりとほくそ笑んだ．

　ところがこの結果を何でもよくできる友人に見せたところ，「どんなばらつきのあるデータだって，$P(F)$ みたいな積算型の単調増加関数の測定値なら，2回も対数を取れば，みんな平滑化されて直線に見えるようになるよ」と一笑に付された．そういわれても，それだけで引き下がる気にはならないし，堀内さんの卒論にも関わることになるので，荷重の印加速度を変えたり，膜厚を変えたりしてみたが，ばらつきの状態は同じようであった．さらに剥離の様子をガラス基板の裏面から観察してみた．そうすると，目で見ている限り，剥離が一瞬の内に起こってしまうものから，剥離がある箇所からゆっくり伝搬して行く

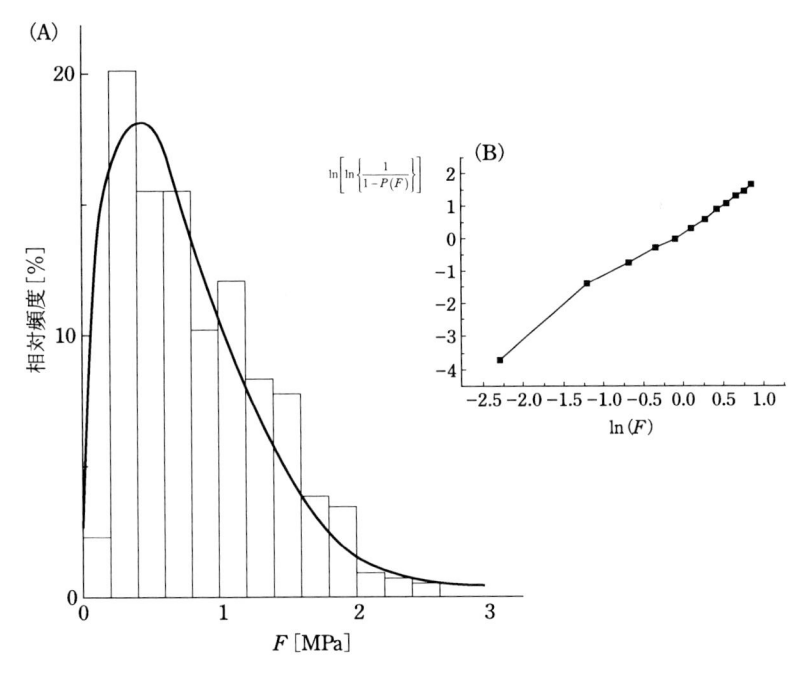

図43 (A) ガラス基板上金蒸着薄膜の付着応力 F の測定値のばらつきを示すヒストグラム[11]．挿入図 (B) は Weibull プロットで，ほぼ直線が得られ，剥離が材料の破壊現象と類似であることをうかがわせる．

ものまでいろいろあり，一瞬で剥がれるものが，付着が大きく観測されることが分かった．この観測から，薄膜に力をかけたときの剥離は繊維の破断と同じように，たとえば薄膜・基板間に何らかの付着に関わる欠陥があって，その箇所に応力集中がおこり，そこから剥離が伝搬していくというモデルで説明できそうな気がした．以後，私は剥離は破断と類似した破壊現象であるというモデルに捉われ続けている．

31. 剥がれ方にもいろいろあって…

くどいようだが付着といっても剥離のさせ方で，意味が変わってしまうということを述べたいと思う．

付着に関する論文を調べていると，測定法は非常にバラエティがあることが

分かる．薄膜の付着に関する国際会議を毎年主催しているK.L.Mittalによると，薄膜の付着測定法は300種くらいあるそうである．Strongを開祖とするテープテスト（Tape Test）から始まり，われわれも試みたリベットを貼り付けて引っ張る方法（Pull Test），針で引っかく方法（Scratch Test）など伝統的，基本的な方法はは今でも用いられている．この方法については後にあらためて述べる．そのほかに，いろいろ特殊な方法が工夫されてきた．

薄膜の基板側から微細な穴をあけてそこから気体または液体を入れて圧力をかけ，裏から薄膜を剥がす方法（Blister or Bulge Test），レーザー光を基板背面から照射して基板内に衝撃波を励起し，衝撃で薄膜を吹き飛ばす方法(Laser Spallation Test)，円筒磁性体基板を磁石を使って真空中に吊るし，回転磁場で高速回転させて基板上の薄膜を遠心力で剥がす方法（Centrifugal Force Test），細線状の薄膜に電流を流すとともに電流に直角に磁場をかけ，ローレンツ力で剥がす方法（Lorentz Force Test）など特殊な方法を含めるとまさに千差万別で，いまでも新しい方法が考えられつつある．特殊な付着力測定法の例を図44に示した．

私はこの節で定量性のある薄膜のくっ付き加減を表すのに，ずっと付着という言葉を使ってきた．かつて某学会誌に付着に関する解説を依頼されて寄稿したところ，査読者から"付着"を"付着力"に直すようコメントを付けられた．付着力というと，それは力すなわち単位でいうとN（ニュートン）で表される量に限定されてしまう．ところが，実際に測定される量は，力だったり，エネルギーだったり，応力だったりする．このことを説明して了解してもらったことがある．

薄膜を引き剥がすには何らかの力を加えなくてはならないことは確かであるが，力が分かっただけでは実際は薄膜の付着が大きいか小さいかを述べるのには不十分である．8畳間いっぱいに敷かれた絨毯を剥がそうとするとき，一斉に持ち上げて剥がすのにふつうだったら4人くらい必要で，1人で持ち上げるのには馬鹿力がいる．しかし縁の方からぐるぐる巻いていけば1人でも剥がせる．このことからも類推できるように，力の加え方，膜の剥がし方で加える労力が変わるのである．

薄膜の剥がれ方の例を図45に示してみた．実際は剥がれのプロセスが，何がなんだか分からないような例もある．

（A）は薄膜全体を同時に全部引っ張ってはがす方法（Pull Test）で，先に述べたように薄膜にリベットなどを貼り付けてそれを引っ張る．引っ張った力を剥

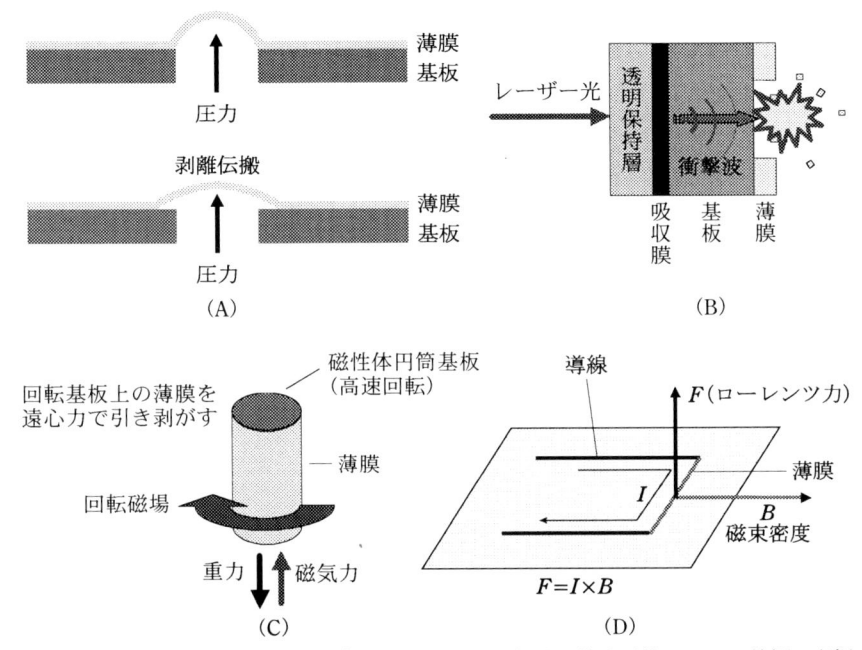

図44 特殊な付着測定法．（A）ブリスター（Blister）法：薄膜が載っている基板の裏側に小さな穴をあけ，そこから気体または液体を圧力を加えながら注入して薄膜を剥がし，その圧力と剥離した面積から付着エネルギーを計算する．（B）レーザー破砕（Laser Spallation）法：薄膜が載っている基板の裏側の小面積にレーザーパルスを照射し，局所的に加熱して熱膨張により発生する衝撃波を基板・薄膜の界面まで伝搬させ，そのエネルギーで薄膜を剥がす．原理的には付着エネルギーがもとまるはずであるが…．（C）遠心力（Centrifugal Force）法：円筒形磁性体の基板表面に薄膜を蒸着し，これを真空中で磁場を印加して空中に浮かせる．それに外部から回転磁場を与えて高速で回転させ，遠心力で薄膜を剥がす．薄膜の付着応力がもとまる．（D）ローレンツ力（Lorentz Force）法：基板上の集積回路の導線など，線状の導体に電流を流すとともに，導体の面に平行に強力な磁場を印加し，ローレンツ力で導体の薄膜を剥がす．原理的には付着応力がもとまるはずであるが，強力な磁場が必要である．

がれた面積で割り算すれば, 引っ張り応力が得られる. 単位はN/m²=Paになる.

(B) は (A) のつもりでいても実際は薄膜・基板間にミクロスケールの欠陥, 具体的にはボイドなどができていて, その縁の曲率の大きなところに応力集中が起き, 縁が拡大する形で剥離が進行する様子を表している. 先に述べたわれわれの実験からもこの形の剥離の方が実際に近いと思われる. この場合, 付着の単位は縁に集中した力を縁の長さで割ったN/m=J/m²となり, むしろ界面自由エネルギー密度を与えるはずであるが, 欠陥の状態が明らかでないので, (A) の形の剥離とみなして付着応力を計算すると, その結果が前に述べたワイブル分布になる.

(C) はもっともよく用いられる引っ掻き法 (Scratch Test) の概念図である. われわれは日常では, たとえば蚊に刺されたときに無意識に引っ掻くという行為をするが, 引っ掻くとは何がどこで何をすることかはあまり深く考えられていない. 薄膜の付着測定では, 引っ掻くとは, 尖った針の先端に荷重をかけて薄膜に垂直に近い方向に押し付け (Indent), それを薄膜面上で水平に移動することである. 尖った針の先端は, 曲率の大きな球で近似される. しかし, 引っ

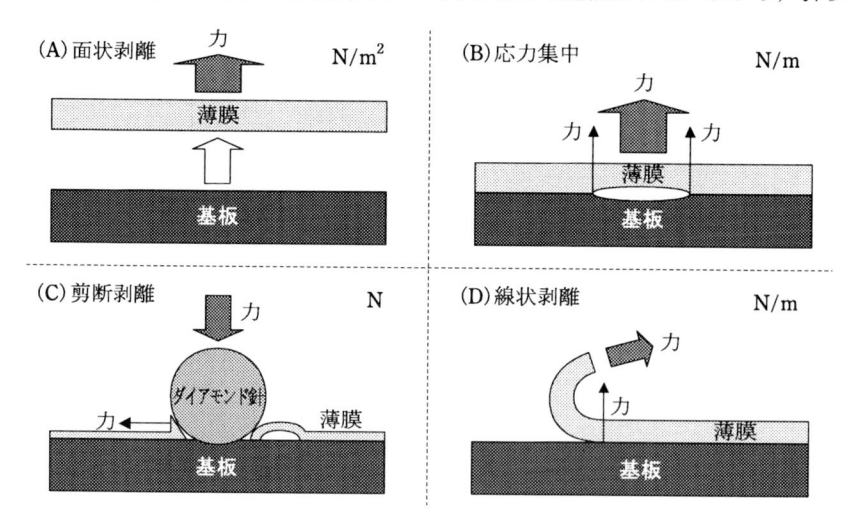

図45 薄膜が基板から剥がれるときの色々の剥がれ方の例. 力や作用のかけ方によって剥がれのプロセスにも色々の種類があり, それに応じて得られる (物理) 量にもいろいろの種類が生まれる. ⬆は外から加えた力. ↑は薄膜が基板に及ぼす力.

掻いて薄膜を基板から引き剥がすとき,針が薄膜や基板にどのような作用をするかがまだ明らかでない.今のところ"押し付け"が薄膜を剥がす役割,"水平移動"は荷重の連続変化による観察を可能にして剥離発生荷重の検出を容易にする役割を持つと考えられる.剥離原因について古くから立てられた仮説としては,1960年代のBenjaminn and Weaverによる剪断応力発生のメカニズムが有名だった.剪断応力値は針先の曲率半径と基板の硬さが分かれば計算できる.つまり,針が薄膜の中にもぐると,薄膜・基板間界面には面に平行な剪断応力を発生し,それが臨界値を越えると剥離が生じるという仮説である.剪断で薄膜が水平に圧縮されるところまではよいが,そのあとのまくれ上がりが考慮されていないので,先に名前をあげたK.L.Mittalは,あの仮説はもはや使い物にならないと一刀両断で否定している.その後たとえば,図の右半分のように,機械工学で言う座屈,あるはバックリングが起こるとして,それを考慮して,針がなした仕事がバックリングしている薄膜の歪エネルギーになり,それは付着エネルギーが転換された結果だとする仮説が生まれた.この考えはまだ,否定も肯定もされていない.剪断応力も座屈によるエネルギーも仮説に過ぎず,引っ掻きという行為ではっきりしていることは,針に加えられた荷重(力)だけで,この測定で得られた結果の単位は力を表すNということになる.

(D)はテープテストを理想化した方法で,もしテープが準静的にきれいに薄膜を剥がすことができれば,テープの幅と加えた力とから,単位でいうと$N/m=J/m^2$つまり,付着エネルギー(密度)に相当する量が求まることになる.ただし物理測定として行おうとすると,コンビニで100円程度で買えるテープを貼り付けて手で剥がすだけでは数値は得られない.テープの代わりにやや厚めのプラスチックの箔を接着し,剥離部分の曲率をずっと小さく(曲率半径を大きく)する必要がある.それでも剥がれる,剥がれないという簡単で安価な評価法としては現在でも広く使われている.

以上のような方法のほか,基板が薄い金属の板なら,それを何回か折り曲げて薄膜が剥がれるまでの回数を測ったり,試料全体をお湯の中につけて剥がれるまでの時間を計ったり,物性値としては何を測ったのかわけが分からないが,それなりに実用性があり,付着の大小についての順序付けだけはできる方

法がいろいろ工夫されているところが付着測定の面白いところである．

32. 白と黒の間

　研究者は真実を追究することが仕事である，と思ってきたし，今でもそう思ってはいる．若い頃は，真実は努力すれば必ず明らかにすることができるものだと信じていた．しかし長い間，薄膜の研究に関わり，また他の研究者の研究を見ていると，少なくとも薄膜分野に関していえば，真実に到達することはかなり難しい．多くの場合，極端にいえば，真実には近づくことはできても，容易に到達できるものではない．真実と非真実（偽り，誤り，…），あるいは白と黒の間にはどちらかよく分からないグレーゾーンが存在し，研究報告の多くは第三者から見るとむしろグレーゾーンにあり，グレーの色の濃淡が研究成果の価値を決めているように見える．経験上，研究者が，大規模な予算獲得に奔走したり，第一発見者，開発者というような功名心に捉われたりすると，色の濃いグレーゾーンにどっぷり浸かった報告が出来上がるような気がするのは偏見だろうか．

　1890年代後半の話であるから，先輩，恩師からの又聞きで，正確さを欠いていることを承知でお読みいただきたいが，当時はレントゲン，ベクレル，ラザフォードなど，物理学史に残る錚々たる顔ぶれによってX線, α, β, γ線が次々と発見され，放射線ブームが起こっていた．その頃，フランスのナンシー大学のグループが，放電管からX線とは違い，水晶やアルミニウムのプリズムによって屈折が起こる新しい放射線を検出し，ナンシーのNをとってN線と名づけ，センセーションを巻き起こした．一時は専門テキストにこの名前が記載されたこともあったそうである．しかし，この発見は，アメリカの研究者の詳しい調査によって否定され，最終的には物理学から葬り去られた．研究者の功名心が作り出した"存在しないものが見える"悲喜劇である．

　時代が下がって，記憶されている方もおられると思うが，1989年，新聞などの報道で「常温核融合」が大きな話題をさらったことがあった．この時は私も現役で，新聞，テレビなどで騒ぎは知っていたが，あまり真剣に検討はしなかったし記録もない．したがって，記憶だけで述べるので，厳密ではないこと

はご容赦願いたい．簡単に言えば，ビーカーの中に重水を入れ，水素吸蔵金属のPd, Ptなどを電極にして，電池をつないで電流を流す．すると重水素が電極に吸収され，圧縮されて核融合反応が起こって発熱するということで，1986年の高温超伝導のブームに続く新しいテーマとして世界中の研究者に大きなインパクトを与えた．真実なら，ビーカー内で作られる新エネルギー源として世界を揺るがす大発見になるはずで，"核融合でお茶を沸かす"というキャッチフレーズまで現れた．しかも追試の結果かなりの数の研究者が肯定的な結果を出し，学界，産業界がヒートアップした．

　当時の私の研究室の学生も，私にあの研究をやらせてくれといいに来た．しかし，私の知識は乏しかったが，ふつうの核融合ではトリチウムを使っても1億度を必要とするといわれているのに，重水を使い，6桁も低い温度でできるはずがないという直感だけで，即座にあれは何かの間違いだといって，学生の希望を押さえ込んだ．その後多くの研究者による研究が進むにつれて，証拠となる中性子の検出方法などに疑問が出された．目的とするエネルギーも注入した以上に大幅な増加は観測されず，お茶を沸かすこともなかった．最終的には米国の調査委員会によって誤りと認定され，止めを刺されたかにみえた．金と功名心に捉われた研究者による勇み足とされ，口の悪い人に「Voodoo（魔術）Science」と揶揄されたりし，さらには「fake（いかさま）」という厳しい評価をする人もいた．

　それにもかかわらず，N線の場合もそうであったらしいが，常温核融合の研究は，限られた研究者達によってではあるが，誤りという認定の後も連綿として続いていたのである．私も素人考えで，エネルギーを取り出すのには失敗したが，重水素を無理に押し込めて接近させた場合，核融合が起こるか起こらないかの物理的興味だけに関していえば，確率の問題になり，起こらないとは断定できないのではと思い始めた．私自身はこの研究者ではないから，これに関連した学会や研究会でどんな成果が発表されているのかは知らない．ふつうの核融合が，高密度・高温プラズマの閉じ込めで行われている実績から判断すると，常温では核融合発生の確率が極端に小さくなることは容易に予想される．しかし観測不能なほど確率が小さいと決め付けられる根拠も十分でなく，真偽

は中性子の検出の精度できまるのではないかと思う．熱心にこの研究に打ち込んでいる人をみると，この反応に興味を示す研究者がいて悪いということはなく，真とか偽とかいってもその違いは観測にかかる精度の問題に過ぎない場合もあるという気持ちになってきた．N線の方はどうやら黒と判定してもよさそうだが，かつて素人判断で学生に間違いときめつけた常温核融合発生の黒白の方はよくわからず，真っ黒というよりは少しだけ白よりのグレーゾーンにあるような気になってしまっている．

　私はずっと真空・薄膜の世界だけで生きてきたので，N線や常温核融合ほど派手な話題に遭遇したことはないが，真偽が必ずしも画然と区別されるとは限らず，真実のようでもあり，偽物のようでもありで何が真実かよく分からないことは数多く経験してきた．このことについて以下に述べてみたい．

33．"斜め"の効用とその真偽

　「斜に構える」とは，敵を攻撃するため，あるいは敵から身を守るために都合がよい姿勢であるが，同時に何かを別の角度から眺めるという行為でもある．ごく卑近な例で斜めに眺める効用をあげてみよう．nmの桁の金属薄膜をガラス基板上に蒸着で作る．すると，膜が薄すぎて，研究室に初めて入ってきた卒研生などの初心者は，その薄膜が付いている面が基板の表側か裏側かが分からない．そのため薄膜面を手や器具で触れて薄膜を傷つけてしまうことがある．薄膜の付いた面を見つけるコツは，薄膜を真上から見ずに表面すれすれに斜めから見ることである．そうすると，薄膜側から見ると光の反射のため，ガラス基板の縁の切り口が見えなくなるが，基板面側からだと切り口が見えるので判断し易い．斜め観察のちょっとした効用である．

　別の効用はもっと重要である．薄膜の構造の電顕観察は，昔は真上からするものと相場がきまっていた．そこへSEMが登場して，真上からでなく，斜めの方向から薄膜の断面を観察できるようになった．結果的に薄膜の3次元的構造が観察できて，柱が林立しているような構造が発見され，電顕技術の進歩とともに高倍率のTEM観察も可能になった．例としてわれわれが観測した結果を図46に示す．この構造は柱状構造（Columnar Structure）と呼ばれ，エピタ

キシーとともに薄膜の構造を特徴づけている.

　だが,次に述べる例くらいから,斜めの効用が怪しくなる.

　私がまだ院生か助手だった1960年代初めのころ,真空蒸着で薄膜を作る際,基板を傾けて斜めに蒸着すると物性が変わるということがいわれ,ちょっとした話題になった.あまり記憶が定かではないが,CdSeなどⅡ-Ⅵ系化合物半導体を斜め蒸着すると異常に高い光起電力が発生するということが学会講演会などで報告され,かなりの関心を集めた.ただ,同時に,"ほんとかあ？"という疑いの声も聞かれた.この高光起電力は再現性が乏しく,はじめのうちは同調者も現れたが,やがて関心が薄れ,人々の記憶から消えた.それが新現象か誤りかはわからずじまいである.私は,この高光起電力発生が意図的に作られた嘘とは思わない.不純物の混入や異常構造の発生による効果なのか,あるいは何か他の理由によるのかは解明されなかったが,昔のように真空環境や蒸着の制御性がよくないところで斜めに蒸着すると,特殊な条件がいくつか重なって,たまたま発生したのではないかと思う.新現象は,発見者を含めていつでもだれでも再現できるとき,はじめて真実として定着する.それまでは真でも偽でもないグレーゾーンにある擬似真実とでもいうべき状態にとどまっている.薄膜分野はこの擬似真実状態の温床で,新現象の真偽が定まらないうちに何となく流布してしまったり,擬似真実のまま消えてしまったりすることの多

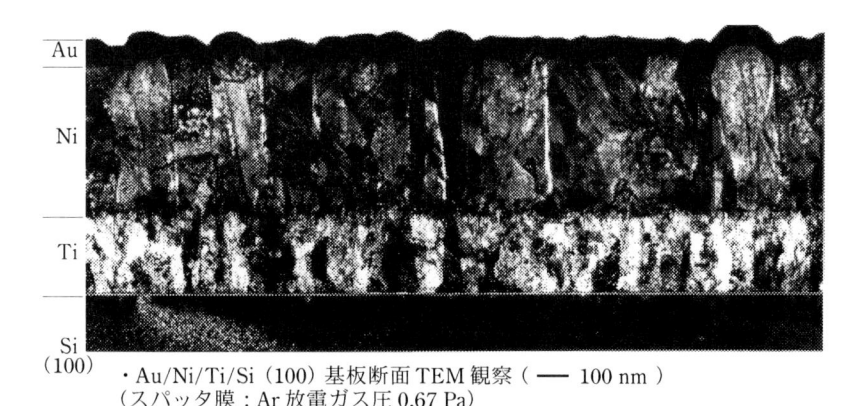

・Au/Ni/Ti/Si（100）基板断面 TEM 観察（ ── 100 nm ）
（スパッタ膜：Ar 放電ガス圧 0.67 Pa）

図46　薄膜の柱状構造を示す断面写真の例.

い分野なのである.

34. 言いにくいことだが

　先に，1964年にアメリカに出向して，ホフマン教授の指導を受けたことを書いた．今から50年近く前のことである．そのとき私が何気なく薄膜の擬似構造（pseudmorphism）— 薄膜物質の格子定数が形成のごく初期の過程では基板物質の格子定数と一致するということ — を話題にしたところ，ホフマン教授は疑わしげな表情で，薄膜の構造に関しては昔からいろいろなことをいう人がいる，Ni薄膜のhcp構造などもその一つだ，みな何か新しい現象を鵜の目鷹の目で探している，中には現象や構造を創作（捏造？）する輩までいる，などとかなり否定的な見解を述べた．その後も折に触れて薄膜の研究成果の中の疑わしい結果の例を教えてくれた．新（珍？）現象を創作した人物を，研究者の分類には入れたくないが，良心的な研究者であってもある種の思い入れに捉われると，N線の例だけでなく，ふつうには見えないはずのものまで見えたりすることは私も経験してきた．

　前節で斜めの効用を述べたが，斜に構えるばかりではなく，「斜に作る」ことが薄膜研究では新しい効果を生み出すことが期待され，一時，斜め蒸着効果は，先に述べた高光起電力発生をはじめいろいろのところで関心を持たれた．とくに，薄膜形成の初期段階で，島状構造の島の配列が，基板面上で蒸着方向に対し直角に並ぶことが電子顕微鏡写真付きで報告されていた．これに関しては，島の影になった部分には薄膜原子の供給が減るからという説明が，多くの研究者に受け入れられた．真偽を判定すると，かなり白に近いグレーゾーンにあるというところだろうか．そして，それに伴って物性に面内異方性が現れることが報告されるようになった．斜め蒸着による島の配列の異方性に伴う磁化の面内蒸着方向依存性などが当時よく知られた例である．

　ここからが言いにくいことになる．実は，私を研究室に受け入れ，引き立て，日常会話を通して多くの薄膜研究の成果に疑問があることを教えてくれたホフマン教授の研究成果自体にも疑問を感じていたのである．

　ホフマン教授の研究室で出された斜め蒸着薄膜の内部応力の異方性の結果

は,かなり注目されたデータの一つであった.私がホフマンの名前を知ったのは,彼の1950年代のJ. Appl. Phys.の表紙に載せられた内部応力の異方性を示すニュートンリング写真であることは,すでに述べた.それに似た写真を後にホフマン教授にもらったのだが,それがJ. Appl. Phys.誌に投稿されたものと同一かどうか,論文誌自体を紛失して手元にないのでよくわからない.ここでは手元にあるニュートンリングの写真と手書きした島状構造の電顕観察の写生を模式化した図とを図47(A),(B)に示しておく.

薄い円板状の基板に金属薄膜を真上から真空蒸着で作ると,内部応力で基板がお椀状にわずかに撓む.内部応力が薄膜面内で一様であると,図47(A)の左側の図に示すようにニュートンリングは同心円になる.

ところが斜め蒸着すると,図47(B)右側の図のように島状構造の島が蒸着方向と直角に並び易くなる.そのため薄膜の内部応力が島の並んだ特定の一方向にだけ強くなり,その方向の曲がりが大きくなって,ニュートンリングが図47(A)右側の図のように楕円になる,というのがホフマン教授らの説明であった.これは合理的に聞こえ,結果も明快なので,一応は私も納得した.しかし実際は心の奥では,この結果に関して,ホフマン教授が擬似構造に関して感じ

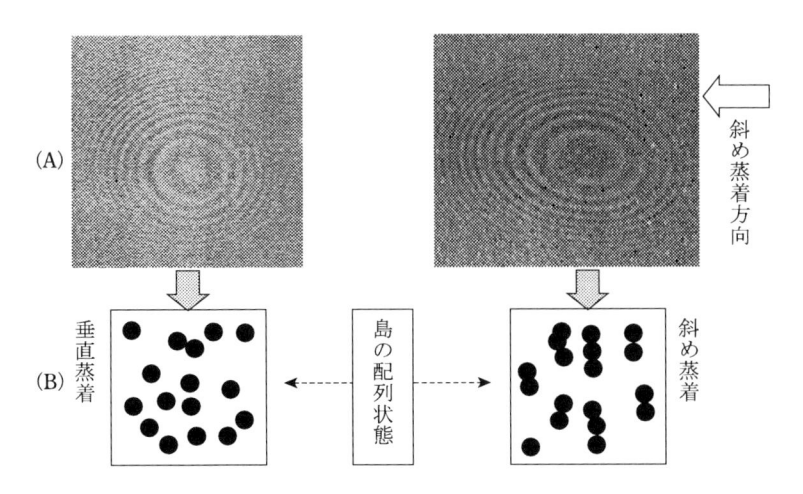

図47 (A) 薄膜に生じた内部応力の異方性を示すニュートンリング.(B) 薄膜の島状構造の模式図.

た疑いと同じような感じをはじめから持っていた．つまり半信半疑であった．なぜかというと，私も何百枚も垂直方向からの蒸着で試料を作ってニュートンリング観察を行っていたが，私の写真にも，ホフマン教授の写真のような楕円形のニュートンリングが垂直蒸着にもかかわらず現れることもあったからである．

　私の場合，楕円リングの現れる原因は，基板自体の形か性質にもともと入っている異方性らしいと判断された．私が測定に用いた基板は，厚さが 0.2 mm 程度で，厚さが 1 mm 位の石英板を研磨してもらって作ったが，一様な厚さで歪のない基板を作るのは大変なことであった．ニュートンリングが楕円になるのは，基板のほんの僅かの不均一によるという疑いが最後まで残った．さらに斜め蒸着をすると，楕円になるものもあるが，楕円の長軸が蒸着方向に向くとは限らない．どうも斜め蒸着方向と内部応力の異方性の相関があまりよくない．基板の処理によっては基板自体に曲がりやすい方向ができてしまうことがあるらしい．考えて見ると，たとえば，紙を丸める場合から推定しても分かるように，たとえば正方形の折り紙がある辺に沿って少しでも丸まっていれば，それと直角方向に丸めることがしにくくなるのと同じである．かといって，まったく相関がないとも言えず，斜め蒸着した場合，ホフマンの結果と同様にその方向と直角方向に短軸を持つ楕円がかなりの頻度で発生する．それが斜め蒸着効果か，ただの基板の歪に由来するのかがはっきりしない．

　私の滞米中は装置作りに忙しく，ホフマン教授の異方性を示す試料は廃棄されていて，基板の状態は確かめようがなかった．与えられたテーマでもなかったので内部応力の異方性の問題は議論せず，ホフマン教授も，もう終了したテーマとして話題にしなかった．私はあの結果に確信を持てますかとは聞かず，ずっと触れないようにしていたが，今でもあの現象の真偽が心の中にわだかまりとして残っている．内部応力の斜め蒸着による異方性を調べるのだったら，正方形の薄い基板をたとえばプラスチックで作り，いろいろの方向から斜め蒸着した方がよかったかと思うが，後の祭りである．

35．量子という言葉

　真空・薄膜分野はナノの世界に属しているにもかかわらず古典物理学が存分

に活躍している領域である．気体の圧力，流れ，薄膜の形成過程などを，原子や分子を剛体球とみなして議論するのはふつうで，それなりにまともな結果が得られている．昔話になるが，そういう領域で仕事をしている人間にとって，量子という言葉は特別な意味を持っていた．素粒子や物性理論の専門家に笑われそうなことだが，原子，電子などと違い，量子という言葉は独特のムードを持っていて，それを口にしたとたん，急に話題が高級になって，自分が偉くなったような気になったから不思議である．

　もちろんエネルギー準位，バンド構造，トンネル効果など量子力学的用語はいろいろのところで出てくるが，それらの用語は昔から日常化しすぎていて有り難味が感じられない．

　量子ドットなど特別な場合を除いて真空，薄膜関係の論文で量子があまり出てこなかった理由は，真空，薄膜研究者の学力不足？というと叱られそうだが，理想気体という取り扱いを極度に簡略化した架空の物質を対象にすることがままあり，原子，分子を剛体球とみなして古典力学で済ませられる場合が多かったからであろう．やはり古典力学の奥は深く，取り扱いが楽で扱い易い．といって古典力学だけでは今度は研究の満足度が足りない．少し高級感を味わいたいと思う研究者が比較的気楽に取り組めたのが量子サイズ効果（Quantum Size Effect：以下QSEと略記）だったのではなかろうか．特に電気伝導に関するQSEは，一時はかなり多くの研究者を研究に駆り立てた．

　金属の電気伝導に関わる量子効果は，磁場による電子軌道の量子化で現れるランダウ準位やそれに基づくド・ハース−ファン・アルフェン（dHvA）効果などが有名である．dHvA効果は磁場により磁気モーメントが振動的に変化する効果である．これはフェルミ面付近の電子密度が磁束密度B（実際は$1/B$）に対して周期的に変化することによる．この測定でフェルミ面をきめることができるが，実際の実験では低温と強磁場を必要とする上に良質の単結晶試料を用いなくてはならず，この実験条件を満たすことは容易でない．

　そのせいかどうかよく分からないが，日本人と同じ程度に研究環境に恵まれていなかったが知的好奇心が旺盛なロシアの研究者達が1960年代はじめSoviet Physics誌に投稿していた論文が金属薄膜の電気伝導度（比抵抗）におけるQSE

研究のはじめで,磁場を変える代わりに膜厚を変えて量子効果を見ようとしたのではないかと思う.ロシアの雑誌にはときどき,とんでもない変な論文がのるが,中には宝石のように煌いているものもあって見過ごせない.電気伝導に関するQSE理論は要するに自由電子論に基づくものではあるが,電子の波動性をド・ブロイ波長で代表させ,薄膜の膜面と基板面で電子の波動関数が0になるという境界条件を入れた理論と思えばよい.詳細は省略するが,V.B.Sandomirskii: Sov. Phys. - JETP, **25** (1967) 101に掲載された論文がよく引用され,日本ではサンドミルスキー理論という名で知られていた.簡単に結論をいえば,2枚の無限に大きい平行平板に挟まれたフェルミガスのフェルミ面付近での電子密度が膜厚に対して階段的に変化することを導いた.そのため,膜厚を横軸に,電気的性質を縦軸にとると,電気伝導度,磁気抵抗,ホール係数などが周期的,振動的に上下するというものであった.この振動現象もまた,単調な変化に比べて研究者の興味を惹きつけるものらしい.

　ケプラー,ニュートン以来の物理学の発展を大雑把に見ると,まず現象があって,それにたいする説明が法則,理論の形で集約される第1段階があり,次に理論から新しい現象が予想される第2段階がある.QSEは量子力学の理論から,それを薄膜に適用すると振動現象が現れるはずだという,上に述べた第2段階の理論先行の一つの例で,理論から電気的性質の振動的膜厚依存性が予言され,薄膜研究者達がその実証に走り回った.

36. 果たして観測できたのか

　私も量子という言葉と振動現象に惹かれ,この理論の妥当性を調べたくなった.多くの研究者と同様に,ド・ブロイ波長が長くて伝導電子の波動性を観察し易いと思われたビスマスの薄膜を作り,電気伝導の膜厚変化を測定することにした.1960年代中ごろのことである.そのころ実験室でビスマスの蒸着をしていると,予告もなしに突然,小柄でスラブ系の顔をした外国人が2人,部屋に入ってきた.英語で何をしているかと聞かれたので,ビスマスの薄膜を作り,比抵抗の膜厚依存性を測るところだと答えると,自分もその研究をしている,比抵抗,ホール係数,磁気抵抗が膜厚を増加させると振動的な変化をする

のをはじめて見つけたとやや得意げに話した．後にわかったことは，彼等のうちの一人の名前が Ogrin ということで，彼の研究成果は，

　Yu.F.Ogrin, V.N.Lutskii and M.I.Elinson: ZhETF Pis'ma, **3** (1966) 114
に掲載された正味2頁ほどの論文に示されている．（私は，Pis'ma が何を意味するのか知らないのでご存知の方はご教示願いたい．）この論文は，今は入手がやや困難かもしれないが，かなりまともな形で薄膜の電気的性質の膜厚変化を示した最初のものといってよいことは後になって分かった．彼等は vacuum sputtering などという聞きなれない言葉を使っており，なぜか 10^{-6} mmHg（～10^{-4} Pa）の真空中でビスマスを，単結晶作製を狙ってマイカの上にスパッタリング法で作製したと述べているが，スパッタリングという意味が分かっていたのかどうか怪しい．

　私の手元には，1963年から1972年までの10年間に発表された薄膜のQSEに関する論文のコピーが，Ogrinの論文を含めて55報ほど仮綴になっておいてある．著者にはロシア人風の名前が目立つ．このコピーすべてが青焼きである．といっても今の若い人達はご存じないだろうが，昔リコピーと称した複製で，40年近く経って見ると色が褪せて非常に読みにくい．

　その Ogrin らの結果を示して見よう．といってもいくつかのデータが示されているが，比抵抗の膜厚変化で，液体窒素付近で得られた結果だけを示して見る．リコピーの図面は色が薄くて，とてもそのままでは掲載できないし，原論文の転載許可をとるのも面倒なので，図面から測定データを読み取り，エクセルで再構成して見た．そのため原論文とずれができている可能性があることはご容赦願いたい．その結果を図48（A），図48（B）に示してみた．

　図48（A）は点だけをプロットしたもの，（B）は点をつないだもので，（B）の形の図面が Ogrin らの論文に載っている．この図面を根拠に，かれらはQSEの観測に成功したとしている．たしかに（B）だけ見ると，比抵抗に周期性が見られる．しかし私は，昔から，膜厚測定にはかなり大きな誤差が付きものなので，膜厚変化データはこまかく点プロットをとり，なるべく線でつながないようにしてきたし，研究室の学生にもそのように伝えてきた．そこで（A）だけ見ると，ただばらつきの大きな結果だといえなくもない．私が測定していた範

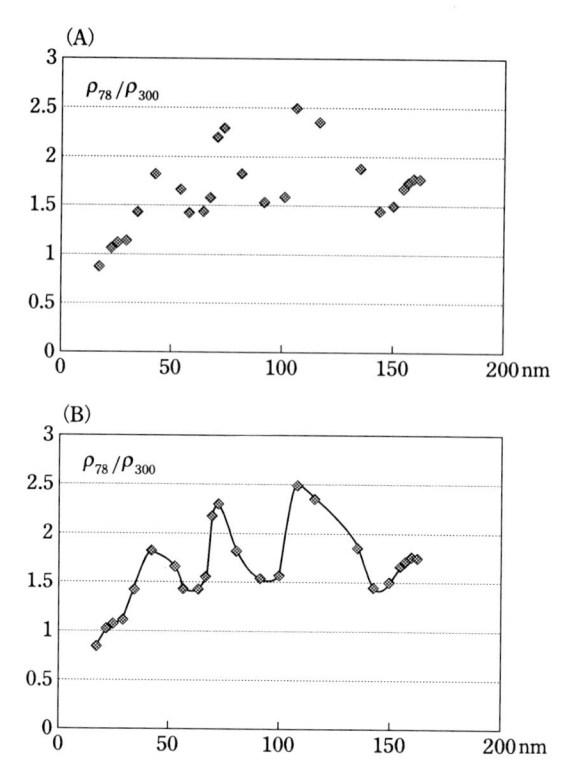

図48 Ogrinの結果の検証[12]．横軸はビスマス薄膜の膜厚，縦軸は300Kにおける比抵抗と78Kにおける比抵抗の比．(B)が文献の図面で(A)はその曲線をはずした図．曲線をはずすとただのばらつきの多い結果と捉えられなくもない．

囲でも，同じような結果もないことはなかったが，横軸が磁場ならともかく，膜厚をとっている以上，私だったらこれだけからQSEを観測したとは即断しないだろうと感じた．少なくともあと数回同じ実験を繰り返して確かめたであろう．

37. 仕事をせんとや生まれけむ

　QSEに関するサンドミルスキー理論は単純で分かり易いが，それが薄い板状物体のしかも膜厚が電子の平均自由行程程度の試料に対する理論である一方で，われわれの作る薄膜では，結晶粒の大きさもμm以上にはできず，きれい

な板状にはなかなかならない．たとえばビスマス薄膜の電子顕微鏡写真の表面は，図49に示すようにかなりの凹凸を示す．

そのために，なるべく小さな試料を作るようにした．ただそれで十分かどうかは簡単にはいえない．当時の貧乏研究室では理論に適合できるような理想的形状の薄膜を作ることは容易でなかった．

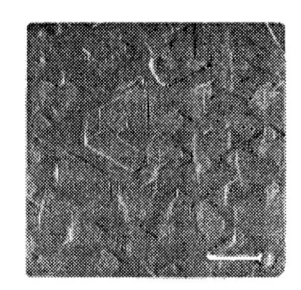

図49　ビスマス薄膜表面の電子顕微鏡写真．図中のスケールは 1 μm を示す．この程度の表面の凹凸が測定にどう影響するかの評価は困難である．

研究室に院生として朝日 一さん（阪大産研名誉教授）と馬場 茂さん（現成蹊大学理工学部教授）が入ってきた．彼等も薄膜のQSEに興味を持って，薄膜の電気的性質におけるQSEの研究に取り組んでくれた．彼等に限ったことではないが，その頃の院生は実によく仕事をした．もちろん今の院生にも仕事のできる人達はいるが，あの頃は備品はもちろん消耗品もまともに手に入らない時代であったから，それを補うために頭と手を最大限働かせておく必要があった．彼等はもともと有能ではあったが，ああいう環境におかれたのでますます能力が磨かれて一流の「仕事人」に成長したのであろう．

朝日さんは粘り腰で地道にこつこつとではあるが着実に成果を積み上げるタイプの研究者で，よく考えながら実験をしていた．当時はまだ液体ヘリウム温度の実験をするにも，ヘリウムの回収を義務付けられているし，使用料も安くなく，実験遂行にはかなり高いバリアのある時代であったが，ものともせずに果敢に取り組んだ．私が接している限り，いつでも仕事をしていた．彼のQSEに関する結果は，1974年から1980年にかけて Phys. Rev. B, J. Appl. Phys., Thin Solid Filmsなどの雑誌に掲載されているがきわめて手堅く，注意深くまとめられている．彼は電磁気的性質全般に対するQSEの理論計算と測定を行ったが，その結果，たとえば比抵抗の膜厚変化はやはり振動的で，Ogrinらの結果と類似していた．私も意外に容易に量子効果が観測できて満足した．

38. 困った

　上で私は満足したと書いたが，実はそれには「一応」という言葉を付け加えておく必要がある．先に述べたように，膜厚変化データに関しては，かなりの繰り返し測定が必要だが，朝日さんのデータにはそれが不足しているように思えた．もう一人の院生の馬場さんは，前にも登場してもらったが，次々気が利いたアイディアを出す人である．彼は朝日さんより一，二歩遅れてQSEの仕事にかかり始めた．はじめは朝日さんの仕事を追認するように，やはりビスマス薄膜の比抵抗の膜厚変化測定から始めたように思う．彼もまたひたすら仕事に熱中しているように見えた．

　彼はデータの信頼性を上げるため，試料の形をぐっと小さく，幅1 mm以下，長さ5 mm程度にして表面の凹凸の影響と膜内の結晶粒の数を減らし，膜厚の絶対値を知るよりも，確実な膜厚変化を見ることに重点をおいた．そこで雲母基板の前にマスクをおいてそれに1 mm×5 mm位の小さな長方形の穴を78個ほどあけて，それを一列に並べた．そしてマスクの前のシャッターを一定速度でスライドさせることで，膜厚がほぼ一定の割合で変化する試料78個を1回の蒸着で作り，作製条件の違いによるばらつきを減らした上で片端から比抵抗を測定した．彼は1回の蒸着ごとに私のところに報告に来た．はじめはQSEらしい変化を観測しました，といって喜ばせてくれたが，報告に来るたびにだんだん声が小さくなってきて，どうもQSEは見えにくいと言い出した．彼が測定した数百に及ぶビスマス薄膜の比抵抗測定の全データを一つのグラフにプロットすると，ばらつきのあるデータがまるで蚊柱が立つように，あるいは夕暮れに巣から飛び立つ蝙蝠の大群のように，漠然と広がって見えたのである．その有様をご覧になりたい方のために，全データをプロットしたグラフを図50に載せた．この結果には私も困ったが，ある程度予測もしていた．

　たとえば横軸が膜厚の代わりに磁場や波数などでこのような事態になったら，実験そのものに欠陥があるかもしれないという疑いがもたれる．しかし，再三強調してきたように膜厚は磁場や波数などと違って大きな誤差が入り易い量である．それを横軸にとった場合，私はエラーバーが横にかなり広がっていると思っている．薄い膜の場合100％近い誤差が入りうると思っているが，多く

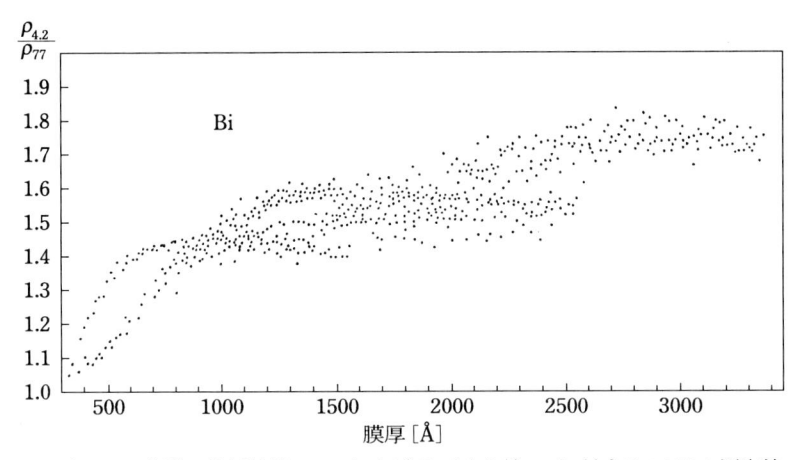

図50 ビスマス薄膜の比抵抗値．77 Kにおけるバルク値 ρ_{77} に対する 4.2 Kの測定値 $\rho_{4.2}$ の膜厚変化[13]．数回にわたるすべての測定値を重ねると，存在するようにも見えた量子サイズ効果がばらつきの中に埋没してしまった．(S.Baba, H.Sugawara and A.Kinbara: "Electrical resistivity of thin bismuth films" Thin Solid Films, **31** (1976) 329, with permission from Elsevier (Dec. 28, 2012))

のデータに膜厚誤差が記されていないことから，実は測定者自身にも誤差がよく分からない疑いがかかる．

　馬場さんの測定では，ともかく1回78個の同時蒸着サンプルに関しては，同じ薄膜形成条件下で，しかも試料ごとに確実に膜厚が増加するように作られており，その場合はOgrinの結果ほど顕著ではないが振動現象らしいものが観測されることもあった．考えられることは1回ごとに振動に多少の位相のずれがあり，位相のずれのある振動を重ね合わせたので，ただのばらつきの多いデータに見えるようになってしまったのかも知れない．幸か不幸か朝日さんをはじめ他の研究者は馬場さんのようにはたくさんの膜厚変化測定を行わなかった．そのため振動現象らしいものがでてきたといえないこともない．より確実なデータを得るために，繰り返し実験を行うことは物理学の常道だと思うが，今の場合，かえってそのためにばらつきがでて振動現象が消えてしまったということだろうか．

　Sandomirskiiの理論は単純なだけに明快で私はおおむね適用する価値がある

と考えている．ただ，簡単な理論だけに理論に適合するための条件を実際の実験で満たすのが難しい．一つのシリーズの実験では振動現象らしいものが観察されても，測定を繰り返すとだんだん振動がばらつきの中に埋没してしまったのでは，得られた結果は"真"か"擬"か"疑"か"偽"か，QSEは本当にあるのか，よく分からない．今ならばMBE法とリソグラフィー技術で板状の理想的薄膜を作り，確実なデータを得られるかもしれないが，そのデータを苦労してとってなんの役に立つかと聞かれると答えがでない．物理を楽しむ時代ではなくなってしまったのが残念である．もはや私が測定する機会は訪れそうもないが，いつか誰かが比抵抗の振動的膜厚変化の信頼できる観測結果を出してくれないか，儚い希望を持ち続けている．

39. 隔靴掻痒ではあるが

あまり得意ではないが，偏光解析法のことについて述べてみたい．近頃になって，万能ではないが表面研究にもっと使われてよい手段だと思うようになった．この方法は基本的には可視光を使うが，予想以上に構造敏感である．最近は電子分光の陰に隠れて，表面観察手段としてはあまり目立たない．しかし，光は横波であるために，p（平行）成分，s（垂直）成分の二つの情報を持つという利点を備えている．このp, s成分の反射率の比（反射係数比）Ψと両者の位相のずれΔの測定が偏光解析である．物体表面に電磁波が入射したときの振る舞いは，マクスウェルの方程式に従うので反射率は電磁波が満たすべき境界条件から求められる．反射光のp, sの二つの成分の大きさと位相はその境界条件に含まれる物質の光学定数（あるいは複素屈折率）によってきまるので，反射光のΨ, Δの測定で，光学定数が求められる．個人的なことではあるが，私はマクスウェルの方程式から導かれる電磁波の反射率，透過率の計算公式などにはげんなりすることもあるが，一般には古典電磁気学の結論に出会うとおおむね快適な温泉にどっぷり浸かっているようなリラックスした気分になる．そこに量子効果が加わると，湯船に発泡性の入浴剤を入れられたような刺激を受け，どうしても緊張感と不安感が生じてしまう．

古典物理学は，本来はマクロ的現象を対象にすると思うのだが，偏光解析法

は感度が意外によく，ミクロの世界に踏み込み，物体表面の単層以下の気体分子の吸着などにも反応する．つまりミクロ的現象を光学定数というマクロ的量に還元して，ミクロ現象のマクロ的な意味を教えてくれるともいえる．偏光解析の測定から光学定数を求める計算はかなり煩雑であるが，コンピューターが発達した現在この問題はあまり問題とされないので，初心者が取り付きやすい．

ただし，この方法からわかる物理量は，光学定数であるから，ミクロ的量と関係付けるためには，モデル化が必要になり，そこに大きな仮定が入り込む．物性を物理的に解き明かそうとしても，与えてくれるデータだけでは隔靴掻痒の感が深く，そのため，表面や薄膜の研究者からは疎まれてしまったのではないかと思う．しかし，靴の上からはともかく，シャツの上から痒い所を掻くくらいのことは誰でもすることで，それで痒さはかなり収まる．偏光解析では，他の光学測定と組み合わせたり，うまくモデルを選んだりすれば，ナノ領域の物性値を得ることも不可能ではない．さらに言えば光学定数が分かればそれだけでレンズコーティングや干渉フィルターなど光学素子作製に役立つ．電子をプローブとして用いる場合と異なり，光の発生にはほとんど真空装置を必要としないし，レーザー光のコリメーションも楽である．したがって，電子線を用いるよりコストがかからない．この方法だけで表面研究を済ませられるとは思わないが，いろいろの角度から表面物性を検討するとき使用してよい方法の一つである．

偏光解析法は，私も院生時代少しだけ齧っており，その有用性は理解していた．その高感度は，1950年代，まだ電子分光法があまり普及していなかった当時としては際立っていた．指導教授の蓮沼 宏先生から使うようにと渡された装置は，ツァイス社のゴニオメーターを使った偏光解析器（偏光分光計と称されていたが，分光はしていない）で，どうみても戦前，それももしかすると第一次世界大戦前ではないか疑われるようなものであった．ただツァイスに対する信仰は，蓮沼先生のような明治生まれの世代には絶対的で，なんとなく宝物のように恭しく使わせていただいたような気がする．今の若者には想像ができないかもしれないが，当時の日本人の，ロールスロイスの自動車，シンガーの

ミシン，ライカのカメラなどの外国製品に対する信仰心は篤く，実際に精度や耐久性が日本製に比べて1桁以上優れていた．この偏光解析器もさすがで，「がた」というものがなく，偏光子，検光子が高性能で，消光点がぴたりときまり気持ちがよかった．光源は低圧水銀灯で，1/4波長板（補償板）は546.1 nmのみの波長に対するものであるので，単波長に対する測定しかできなかったが，それでも自分ではある種の満足感の得られる測定ができた．私の院生時代には，ほかに分光器もコンピューターも何もなかったし，時間も迫っていたので光学定数測定の段階にとどめざるを得なかったが，幸い後輩が私より桁違いに優秀で，偏光解析器の可能性をぎりぎりまで高めてくれた．

40．清水の舞台から落下傘降下

　私が1965年にアメリカ出張から帰国したときは，恩師の蓮沼 宏先生はまだ在職中で，研究室に新人の助手が来ていた．山口十六夫さんといい，後に静岡大学電子工学研究所教授になった．院生には吉田貞史さん（後産総研研究員，埼玉大学教授）がおり，この二人がコンビを組んで研究を行った．研究者が組んで仕事をする場合，大抵は能力や経験に差があって上下関係ができ，一方が他方をリードする形をとる場合が多いのではないかと思うが，この二人は対等

図51　左から1971年当時の筆者，20代の吉田さん（元埼玉大学，現産業技術総合研究所）と山口さん（元静岡大学）．吉田，山口さんは絶妙のコンビであった．二人とも今は大学の方は定年で退職している．

で，最後までよい協力関係を保ち続けた．ともに抜群の能力を備えていたが，どちらかといえば山口さんが実験装置の設計，作製，計測，吉田さんが物性，結果の解析が得意で，相互に協力しあって研究を遂行した．

　私は，偏光解析は薄膜を蒸着装置から取り出した後で行ったが，特に厚さが10 nm の桁以下の薄膜を真空から取り出したら，大きく物性が変わるだろうことは，電気抵抗の簡単な in-situ（その場）測定から予想していた．本格的 in-situ 測定は，当時の薄膜の研究者にとっては一つの夢，そして越えなくてはならない高いバリアでもあった．偏光解析装置の原理図を図52に示しておく．

　彼等のテーマは偏光解析による薄膜形成過程の研究であった．そこでまず私が宝物と称したツァイスの偏光解析器をベースに，真空蒸着槽をその試料台に載せ，真空蒸着用 in-situ 自動偏光解析装置の設計，組み立てを行うことからはじめた．そして当時としては珍しいくらいの高感度で真空蒸着膜形成過程の in-situ 自動測定を行った．問題は上に述べた宝物であるゴニオメーターの試料台部分への真空蒸着装置の取り付けである．蒸着中，連続的に観察を行うのであるから，偏光子，検光子を自動的に回転して消光点を探さなくてはならないが機械的回転は応答速度の上からも機構の上からも実際的でない．そこで，故高崎 宏静岡大学教授が開発した方式を採用して，偏光子の後にKDP素子を二つ入れ，おのおのに電圧をかけて方位角と位相を電気的に変調できるようにし

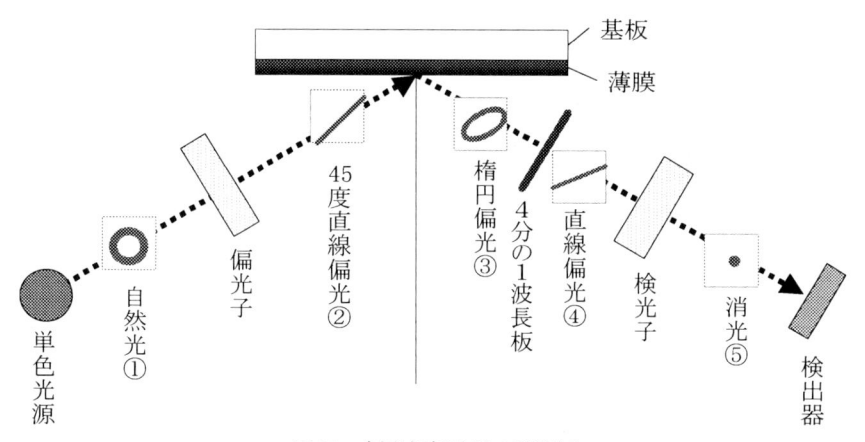

図52　偏光解析装置の原理図

て，消光点の位置をきめることにした．その結果，光路が長くなり，光学系全体がゴニオメーターの上に納まらない．装置の改良に当たって，私などお宝に手を触れるだけで恐れ入っていたのだが，彼等は若かったせいか，計画がきまるとたちどころに改造に乗り出し，必要なところにはねじ穴を開け，光学系をずらして真空蒸着用 in situ 自動偏光解析装置を短時間で作り上げた．お宝である既製品の偏光解析器の大幅改造など，はじめは清水の舞台から飛び降りる気分であったが，この装置が計画通り順調に稼働した結果からいえば，ただ無闇に飛び降りたというより，落下傘ないしはハングライダーで狙った場所にふわりと着地したというべきだろうか．蒸着装置には入射光用，反射光用，透過光用の三つの光学用の窓が設けられた．偏光解析では測定量は p, s 各成分の反射係数の絶対値の比（ふつう $\tan\Psi$ とおく）と位相差 Δ が求まるだけである．それに対して薄膜を特徴づける定数は，光学定数 n, k と膜厚 d である．そこで，この3個の定数をきめるには，もう一つ独立に光学的性質に関わる量をきめなくてはならない．最後の透過光用の窓は，プリズムでできた基板で屈折し，検光子でなく光検出用光電子増倍管に入って透過率 T を測定し，光学的に膜厚を決定するためのものである．手作り装置の外見を図53に示すので，当時の研究室の様子も多少とも感じ取っていただけるとありがたい．

　この装置のおかげで，薄膜形成のごく初期の過程から，偏光状態がどう変わるかを連続的に観測できるようになった．当時としては，偏光解析による薄膜形成過程の in-situ 自動測定は，きわめて先駆的であったと思う．銀の蒸着膜に関する結果は Jpn. J. appl. Phys., J.Opt. Soc. Am., Thin Solid Films 誌などに発表されたが，いまでも案外よかったと思っているのは，偏光解析の結果の表示法をふつうと変えたことである．

　偏光解析から得られる直接の結果は，先に述べたように p 成分および s 成分の反射係数 R_p, R_s（= 複素数）の比率を表す R_p/R_s の実部である $\tan\Psi$ と両者の位相差を表す Δ で

$$\tan\Psi \cdot \exp(i\Delta) = R_p/R_s$$

の関係にある．ふつうは，測定値は直交軸の横軸に Ψ，縦軸に Δ をとる．代わりに Ψ を一直線上にとり，Δ をその直線からの角度でとる極座標表示にして，

図53 薄膜形成過程を観察するために製作された自家製偏光解析装置（産業技術総合研究所 吉田貞史先生提供）．

得られた曲線上に膜厚を表示した結果，ダイナミックな形で蒸着中の偏光状態の変化を追いかけることができた．Δという角度を図面上も角度で表したのだから分かり易いと思うのだが，どうも受けがよくなくて，この表示法は広まらなかった．それはともかく，この装置のおかげで，薄膜形成過程の光学的側面からのアプローチができ，勝手な言い分だが，多分，宝物のゴニオメーターを大改造してしまった罪は許してもらえたと思っている．

41. UFO薄膜？

さて，得られたΨ, Δに透過率Tを加え，さらにはそれらから計算された光学定数の結果から，薄膜の形成過程，初期の島状構造をどのように理解するかについては，電子分光を用いた測定より仮説の多い考察が必要になった．光学定数の値と薄膜形成初期における島状構造との関係を明らかにするためには，複雑な島の形を，モデル化する必要がある．3次元媒体中に球状粒子が分散している系の有効誘電率の計算は，Maxwell-Garnett理論として古くから知られていた．この理論はヒントになったが，単純化されすぎており，複雑な形の島が2次元的に分布している島状薄膜の結果の解析にはそのままでは適用できない．

島を球でモデル化するのは単純すぎて実際に薄膜の示す光学的性質や特徴を

説明することは難しい．かといって，球の一部では対称性が悪くて，たとえば電場による分極などが計算しにくい．そこで島を回転楕円体，つまりUFO型と考え，それが回転軸を基板面に垂直にして2次元的に分布しているとし，軸比や軸比の分散を可変のパラメーターにとることにした．島を回転楕円体で近似したときの島状薄膜のイメージを図54に示した．

回転楕円体の反電場係数，内部の自由電子によるプラズマ共鳴振動数，分極率は解析的に求められるので，島を電気双極子で置き換えることにした．以下では，島，回転楕円体，（電気）双極子という言葉が適宜出てくるが，文脈に応じただけで，みな同じもののことを述べていると思っていただきたい．

計算の詳細は省略するが，回転楕円体の，入射光による分極とそれによってできた電気双極子間相互作用を考慮した計算から，反射係数比 Ψ と位相差 Δ を薄膜物質の光学定数，実際にはそのもととなる複素誘電率で表す計算公式が求められ，Ψ, Δ の実測値から複素誘電率をきめた．

複素誘電率の中には回転楕円体の反電場係数と，双極子間相互作用を考慮したために生じる双極子の間の空間の誘電率も含まれるので，島の配置に関する情報も得られる．たとえば銀薄膜の場合，薄膜の形成とともに回転楕円体の基板面に垂直方向の反電場係数が増え，平行方向で減ることが観察されたので，膜の成長につれて島がだんだん球に近い形から扁平な回転楕円体に変形してゆくことがわかった．また，膜厚が 1 nm ～ 10 nm に変化する間に島間の誘電率が基板の値に近い2.2から減少して真空の値1に近くなったが，これは島間距離がはじめ長くて，基板の誘電率の効果が現れ，島が接近するとともに真空の誘電率に近づくと理解された．

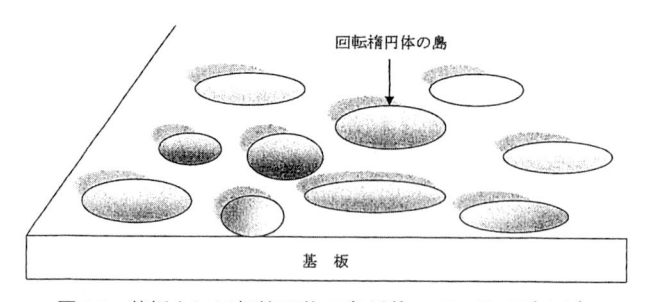

図54 基板上に回転楕円体の島が載っているモデル[14]．

上記の計算は，原理的にはただの代数計算だが，実際の値を求めるのは複雑で面倒臭い．有難いことに，1970年前後から大型計算機センターが稼働し始め，その恩恵を受けることができた．HITAC 5020などといわれても，今では日立の社員でも聞いたことがないと言いそうだが，大型計算機の威力は絶大であった．

　UFOの集合体モデルが果たしてどのくらい島状薄膜を近似できたといえるかは議論の余地もあろう．依然として隔靴掻痒に思えるかもしれない．しかし，複雑な形の島を双極子で置き換えた結果，実際の形を電顕でただ眺めるのとは違った見方ができ，薄膜の物性としてそれなりに意義がある結果を示してくれたのではないかと思う．

　この結果が先に挙げた雑誌に掲載された後しばらくして，オランダのグループからさらに島の形や双極子間相互作用などのモデルを一般化した報告が，私信の形で届くようになった．それは確かに進歩ではあったが，計算の煩雑さのわりに結果の違いが少なく，そのうち報告が届かなくなった．もっと積極的に分光を取り入れる測定法や島の移動などの動的振る舞いの解析など新展開があってもよいと感じた．それ以降，偏光解析による薄膜形成過程の研究は途絶えているようである．最近は私も不勉強で研究の現状を把握できていないが，お金がなくても薄膜形成過程やエピタキシャル成長に関心がある人には，偏光解析によるアプローチは試みる価値のある方法の一つだと思っている．なお，最近の「真空」誌 (S.Ohno, K.Shudo and M.Tanaka: J.Vac. Soc. Jpn, **53** (2010) 413) で，偏光解析ではないが，類似の反射分光法で表面の最表面現象を観測する手段の解説が載っている．私に測定経験はないが，表面における原子の挙動や反応の動的観察手段として高感度で興味深い．

42. 元祖真空

　真空の単位であるTorrとPaという名称について考えているうちに，真空科学の祖といえる人はだれか，なぜ真空を作る必要があったのか知りたくなった．それを調べる目的で，専門家の本や講義のメモを読み返したり，雑談などで聞いた話の記憶をたどったりした結果を私見と偏見を交えて記して見た．個

人的推論と思っていただければ気が楽であるし，誤りがあれば訂正して下さると有難い．

真空を表す単位は，私の中高校生の時代（1950年前後）まではmmHgであった．それが大学院で受けた故富永五郎先生の講義（1960年前後）ではTorrとなり，自分で講義を担当するようになってからは（1970年前後），気体のみならず，すべての物質中の圧力，張力などの応力はPaになった．変遷の理由や過程はよく知らないが，Pa表示はSI単位の成立に連動していたと思う．なぜイタリアの（1600年代，まだイタリアという統一国家は無かったが）トリチェリに由来するTorrがフランス人のパスカルに由来するPaに変えられたのか，イタリアとフランスの科学の世界における発言力の差が反映しているのかと思ったりする．単位の名称から，真空科学におけるトリチェリとパスカルの役割を知りたくなる．もちろん，ふつうの世界歴史の上ではパスカルのほう方が知名度は高いが，真空科学に対する貢献はトリチェリが大きいように見える．

真空の定義は本書の冒頭でも触れたように1気圧より低い大気のことであるから，吸い上げ式の井戸を掘ったトスカーナなどイタリア半島の職人たちは真空を作った人といえるだろう．彼等が最初に真空を作った人達なのかどうかは明らかでないし，彼等が真空を作ろうとして井戸を掘ったとは思えないが，水がほぼ18ブラチア（〜10 m，1ブラチオ〜0.584 m）以上には吸い上げられないことは知っていたといわれている．

余談だが，イタリア（トスカーナ）では長さの単位は腕の長さを基本にしたブラチオ，フランスでは足の長さを基本にしたピエ（〜0.325 m）が使われていたそうである．この長さの単位の違いが，イタリアとフランスの研究者が出した実験結果に対する相互の誤解を生むこともあったらしい．

さて，井戸掘り職人たちが真空の立場から見て価値のある記録を残したとは聞いていない．私が読んだ限り，どの本でも最初に科学的に評価できる形で真空を作ったのはガリレオ（1564年生）の弟子であるトリチェリ（1608年生）とヴィヴィアーニ（1622年生）で，1643年のことであるとされている（不思議なことだがトリチェリの職業が何か，何で生計を立てていたのか，私の見た文献には見当たらない）．私によく分からないのは，彼等はなぜ管の中の水銀を

立てる実験を思いついたのだろうかということである．当時，真空の概念は存在したが，多分に観念的で，アリストテレス（前384年生）の「自然は真空を嫌う」という真空嫌悪説が世界を支配していた．それに影響を受けているのかどうかは定かでないが，彼より2000年も後に生まれたデカルト（1596年生）も空間と物質を同一視する形で真空の実在を否定していた．多くの研究者の関心を惹きつけた天体の運動と同様に真空というものが初めからそれほど魅力ある研究対象だったのかどうかは分からない．ガリレオ，トリチェリ，パスカルらは大気圧に関心があり，彼等の実験は大気圧存在証明実験か真空作製実験かはっきりせず，むしろ当初は大気圧が目的で，真空は目的というより副産物のようなものではなかったかという気がして，専門家のご意見をお聞きしたいところである．

　真空を作ってしまった結果としてガリレオとその弟子たちは，天動説と同様に，ローマ教会と結びついていた「真空嫌悪説」に挑戦したことになったのではと想像できる．トリチェリがこの水銀柱の上部にできた空間を真空としてイタリアで公表したのは実験を行ってからかなり後の事で，ローマ教会の干渉を恐れたためとも伝えられる．一方でトリチェリの実験の3年後に父親の知人を通して水銀柱実験を知ったパスカル（1623年生）は自分でもすぐに同様の実験を試み，水銀上の空間をかなり早期に真空と認識したとされる．そうなると，真空科学の祖の一人としてパスカルも加えるべきだと思うのだが，後述のように彼の実験の記録に疑念を持ってしまい，躊躇してしまう．

　ガリレオは大気圧によって吸い込み型の井戸の水が10 m上がるなら，水銀ならずっと低い高さまでしか上がらないはずだから，水銀で試みるようにトリチェリに指示したといわれている．実際に測定を行ったのはヴィヴィアーニだと書いてある文献もあるが，なぜか日本ではトリチェリの名前が圧倒的に有名である．両者の関係は研究室の教授と助教の関係のようなものかもしれない．

　トリチェリらの実験を知ったパスカルが同じ水銀実験を試みたところまではよいが，さらにルーアンで水銀の代わりに赤ぶどう酒を長さ15 mほどのガラス管に入れ，公開で同じ倒立実験をしたという記録があるそうである．これが，真空作製実験なのか，大気圧の存在証明実験なのかよく分からないが，こ

の辺から私のパスカルの実験に対する疑念が生まれた．そもそもなぜ水銀の代わりにぶどう酒で行う必要があったのか．ショーという意味があったのだろうか．（注：査読者より水で行った実験に関する実験の記述が"江沢 洋：だれが原子を見たか，岩波科学の本，1976年"にある旨ご指摘があった．ご興味のある方は参照されたい）

　この世界史的巨人に刃向かうのは勇気がいるが，物理実験を齧ってきた人間として，実験に疑問が湧く．まず長さが15 mもあるガラス管を作れる工場が17世紀にあったかどうか疑わしい．ガラス管の直径も不明である．短いガラス管を何本か置き継ぎするとしたら，ガスバーナーが必要だが，当時ガスの配管やガスボンベなどあったとは思えない．さらにその長い管を立てられる場所に運搬し，ぶどう酒を気泡が入らないようにその管に注ぎ，それを折れないように垂直に立て，液面の高さを測ることができたのだろうか．何人がかりで，ルーアンのどこでこの実験を成し遂げたのか，今風にいえばこの大プロジェクトに相当する実験の詳しい記述は見当たらない．それにご存じの方もおられようが，ビーカーに入った水を真空装置の中にいれて排気するとかなり激しくあぶくが出るはずであるが，ぶどう酒の液面からあぶくが出たかどうかの記述も無い．パスカルは本当にぶどう酒を用いた真空作製実験ができたのだろうか．水銀実験まで含めてパスカルの真空科学への貢献に霧がかかってしまったような気分である．この辺の詮索は真空の専門家に任せたいし，パスカルの哲学，数学，物理学に関する膨大な業績に水を差すつもりは無いが，どうもパスカルを真空科学の元祖の一人に据える気にならなくなってきた．だから私は人並みに，真空科学の元祖はトリチェリとヴィヴィアーニという従来の定説をそのまま信じることにした．彼等が真空を作ろうという強い目的意識をもっていたという証拠があればぜひ見たい．というわけで真空を圧力の一部と見なし，Torrを主役から引き摺り下ろしてPaに統一してしまったのは残念な気がしてくる．（注：査読者より，ルーアンの実験に関する記述が，"小柳公代，パスカル：直感から断定まで，名古屋大学出版会1992年"にある旨ご指摘を頂いた．まだ入手していないので，理解できていないが，興味ある文献と思われる．）

43. ニュートン登場

真空科学という分野は厳然として存在し，そこにはトリチェリという元祖もいるといえるが，それに対応して薄膜科学の元祖というべき人物がいるのだろうか.

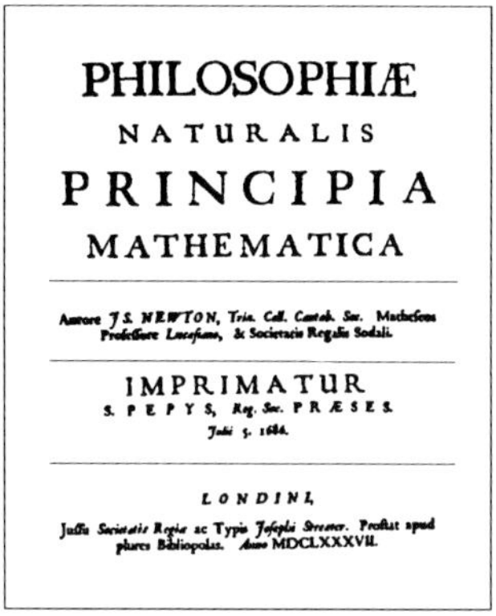

PHILOSOPHIÆ
NATURALIS
PRINCIPIA
MATHEMATICA

Autore J S. NEWTON, Trin. Coll. Cantab. Soc. Mathefeos Profeffore Lucafiano, & Societatis Regalis Sodali.

IMPRIMATUR
S. PEPYS, Reg. Soc. PRÆSES.
Julii 5. 1686.

LONDINI,
Juffu Societatis Regiæ ac Typis Jofephi Streater. Proftat apud plures Bibliopolas. Anno MDCLXXXVII.

図55 「プリンキピア」の扉

物理を学んだ人間で，ニュートンの名前を知らない人はまずいない．まさに巨人中の巨人である．しかし同時に，ニュートンの代表的著作，「Philosophiae naturalis principia mathematica」（邦題：自然哲学における数学的原理」，以下プリンキピアと書く）を読んだ人はまれである．そもそも私の学生時代，力学の講義でプリンキピアを読めなどといわれた記憶もない. 大学に勤めてからは基礎物理で力学の講義を受け持たされることもあったので, プリンキピアの表紙くらいは拝んでおきたいものだと思いつつ, なんとなく日が経って定年になってしまった.

その後1994年から10年間，金沢工業大学に在職した．この大学図書館の特別の収蔵庫にプリンキピアの英語版の初版本（1713年刊）があった（図55参照)．これはと思い，勇躍してこの文化財級の本のはじめの数ページのコピーをお願いしたら, 館長自ら白い手袋をはめて恭しくページを繰ってカメラで写真を撮ってくれた．早速読もうとしたが，まずアルファベットでつまずいた.

sの活字が単語の中にあると, fに見える. それに単語の意味がよくわからないし序文から，文体が今と違うらしくてはなはだ読みにくい．前にも述べたが，ニュートン（1642年生）は元禄時代の徳川綱吉（1646年生）と同世代の人なのだから，日本語の文体でいえば，井原西鶴（1642年生）や近松門左衛門（1653年生）に対応することになる．つまり「日本永代蔵」や「国性爺合戦」を英語で読むようなものである. これでは，私のような語学音痴，国語音痴の歯が立つはずもない. 折角のコピーの読破は諦めて，中央公論社の世界の名著31「ニュートン」にある縦書きの日本語訳を買って読むことにした.

ところが，序文に続く冒頭の定義のところに，「物質量とは物質の密度と大きさ（体積）とをかけて得られる物質の測度である」とあって，思わず絶句した．訳が正しいとすればあの時代には，密度は自明の概念であったらしい．測度という言葉の意味もはっきりしない．随所にある図面だけ見ても，天体の運動が基本にあるためか，円，楕円の図がたくさん出てくる．第一，加速度という言葉が和訳でははっきりとは出てこない．本全体を繰ってみると運動の三つの法則は確かに書かれているが，もっとも重要な第2法則が言葉だけで，$F=m\alpha$の形では表されていない．読みにくいもう一つの理由は，訳本が縦書きであるために図面や計算の説明のときには首か本を90度傾けて読まなければならないことである．こんな経験から，この本で力学を理解するのは，私の能力では無理と判断した．プリンキピアがヨーロッパ大陸で読まれるようになったのは，フランスのシャトレ侯爵夫人という物理好きの奥方がフランス語に翻訳してから後のこととものの本に書いてあった．この大部なラテン語か英語の著作を読んで理解し，重要性に気づいて翻訳した貴婦人のおかげで，つぎつぎと解説書が生まれ，われわれは原典を見なくても安心してニュートン力学を学び，使いこなせるようになったのである．プリンキピアの翻訳本は今，私の本棚の一番上で眠っている．この本をパラパラとめくって眺めているうちにニュートンという人は，私が思っていたよりずっと手足をよく動かした人，つまり思索家であると同時に行動的実験家といえる人ではないかという気がした．

44．元祖薄膜

　上に長々と述べたニュートンは，薄膜と何の関係があるのかと問われるかも知れない．無関係というのが一般の答えであろう．ところが必ずしもそうとはいえないのである．ニュートンのもう一つの著作である「Opticks, 邦題：光学」の翻訳が岩波文庫に出ている（初版は1704年，日本語訳は1721年の第3版）（図56）．前に内部応力の測定法の一つとしてニュートンリングの応用のことを述べた．このくらい有名な現象になると「ニュートン」と「リング」がくっ付いて，発見者としてのニュートンという名前を忘れそうだが，彼の発見といえる現象である．名前の由来を知りたいし，翻訳もあるので興味半分で「光学」

を読んでみた．

　読んで見ると観察法が実に細かく書いてある．先に述べたが，ニュートンが一流の実験家であったことがよくわかる．さすがに反射望遠鏡を自作した人だけのことがあり，18世紀にミクロン以下の現象を観測したことに驚異を感じる．ただし，レンズと基盤との間にできた第1ニュートンリングの半径から計算された空気層の厚さが1/88739インチなどと書いてあるので，すぐにはピンと来ない．ニュートンは優れた実験家ではあったが，有効数字のことはあまり気にしなかったようだ．この数値は，換算するとほぼ300 nmになる．原文がないので，英語表現は不明だが，翻訳では空気層，空気の厚さ，薄層物質という言葉が出てくる．薄膜という言葉は出てこないが，もともと牽強付会を承知で書いているのであるからそれを押し通すと，これは私の知る限り，空気の薄膜とはいえ，物理的，数量的に薄膜をはじめて扱った文献ではないかと思う．

　薄膜の歴史は真空より古そうだ．メソポタミア地方で発見された紀元前数世紀のものと思われるホーヤットラップア電池，通称バグダッド電池は金めっき用だといわれる．われわれになじみ深い鹿苑寺金閣（1397年建立）の羽

図56　ニュートン著「Opticks」扉の写真

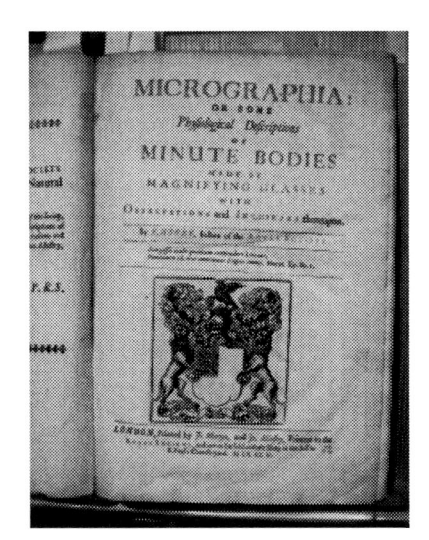

図57　フック著「Micrographia」扉

目板に貼られた金箔も厚さ0.5 μmほどの薄膜である．また，ニュートンのRoyal Societyにおける同僚であり，宿敵でもあったロバート・フック（1635年生）は有名な著書「Micrographia」で雲母の薄膜の示す干渉色の観察を報告しており，ニュートンもそれに触れている（図57）．その他，薄膜の利用や観察の結果は多いが，厚さを数値で表したのはニュートンが初めてだと信じて，薄膜研究の元祖はニュートンだと胸を張っていってみたい．「光学」は特に薄膜研究者が読む必要のある文献とは思わないが，読んでみて感銘を受けた文献の一つであった．こうしてみると，科学としての真空と薄膜の研究は17～18世紀にかけて物理学の揺籃期に巨人たちによって始められたということもできるのである．

45．ニュートン神社？

　日本には八百万の神様がいることになっている．偉い人，功績のあった人は死んでからも神様になってわれわれを見続ける．近世以降も神様は作られてきた．私の家から電車で30分以内のところにも，明治天皇，東郷平八郎元帥，乃木希典大将などが神様として祀られている神宮，神社がある．かつて，湯川秀樹博士が日本人として初めてノーベル物理学賞を受賞されたとき，冗談と思われるかもしれないが，湯川神社造営の話が出たという新聞記事を読んだ．これらから考えると，ニュートンほどの人物なら神様になってもおかしくはない．ニュートンはキリスト教徒として，キリスト教の神が世界をどのような形に作ったのかを知りたくて，神学，聖書そして物理学，錬金術の研究に生涯を費やした．しかし私は，ニュートンは自ら発見した法則によって，世界を形作ったと思っている．彼はデカルトの言葉を借りれば，もっとも完全性を備えた人間，従ってもっとも神に近い人物であり，われわれは彼が発見あるいは創造したといえる運動の法則，万有引力の法則などから免れることはできない．それらは，自然の秩序そのものになっている．キリスト教徒の彼に日本の神社に来てもらうのは無理として，せめてニュートンリングがはっきり見える装置やその他ニュートン由来の品々を集めた宝物館ないしは博物館があれば，お賽銭の代わりに入場料を払ってときどき入館したいものである．

46. 偉すぎる!! マクスウェル

　私は大学に勤務していたのであるから，自分の専門と関係ない学部講義が当然の義務として課せられた．いろいろやらされたが最も長期間受け持った学部講義は工学部応物系2年生向きの電磁気学である．大学の制度上，専門課程は学部2年生の後期から始まった．基礎の電磁気学は終わっているので，マクスウェル方程式が出発点になる．したがって，私がもっとも接触が長かった物理学の巨人は，マクスウェルということもできる．ところが私は彼の著作，論文，伝記というものに直接触れたことがない．

　マクスウェルには肖像や写真を見たこともないのに近づきがたい威厳を感じていた．知人の科学史の専門家から，彼の著作や論文は，難解であんたの歯が立つような代物ではない，実際はヘルツが分かり易く解読してくれたことであんたでも理解できるようになった．ヘルツに感謝して，パノフスキーやランダウのテキスト，その他日本で多数出ている電磁気学の教科書を読むことで十分だと諭された．この忠告を根拠にマクスウェル電磁気学に関しては原典に触れる努力は完全に放棄したままである．

　なぜマクスウェルの原典のことに触れたかというと，マクスウェルの四つの方程式は電磁気学のみならず，物理学の真髄だと思うからである．それらは，クーロンの法則，ファラデーの法則，ビオ-サバールの法則，アンペールの法則などに，ガウス，グリーンの定理が加わって構成されており，多くのテキストでは，これらをまとめてマクスウェルの方程式というと書かれている．講義をしているとそのほかにはマクスウェル応力以外あまり彼の名前が出てこない．マクスウェルは電磁波の伝搬や場の統一理論を展開したのだろうと思うが，マクスウェルが先人たちの仕事のどこをどう発展させたのか，原典を読まないので明確に理解できないうちに定年を迎えてしまった．

47. なぜマクスウェル分布が？

　それでもマクスウェル電磁気学との長期間の付き合いで，その壮大さに圧倒された．特にマクスウェル方程式のローレンツ変換に対する不変性には神秘さえ感じたが，それとは別にマクスウェルの偉大さを痛感したのは，気体論の基

本である速度分布関数$\rho(v)$を使うようになってからである（vは気体分子の速度）。この分布は，大学の何かの授業で正規分布ないしはガウス分布を習うのとほぼ同じくらいの時期に，なぜなどと考える暇もなく信じ込まされてきたような気がする．マクスウェルが真空を意識していたかどうかは知らないが，真空科学における気体運動の講義ではほとんどこの分布関数を出発点とした説明が行われる．気体の分布関数にはマクスウェルの名前しか出てこないから，彼独自の業績といえると思うが，マクスウェルが活躍した19世紀になぜ気体分子速度の分布を考える必要があったのか，物理学上の興味だけか，ボルツマンの統計力学と関係があるのか，当時の気体論の背景や問題提起の出発点がつかめない（どなたか速度に分布があると考えなくては説明できないという例があったらご教示願いたい）．その上この分布関数ρの導出過程が狐につままれたようなところがある．マクスウェルは，ρは1) 球対称，2) 分子総数Nに比例，3) 分子の種類と温度がきまれば一義的に決まる，4) x, y, z方向の速度成分分布は相互に独立，5) 速さvの単調減少関数，という5)を除けば至極自然と思われる仮定をしただけで，かの有名なマクスウェルの速度分布則

$$\rho(v) \propto Nv^2 \exp(-Av^2)$$

を導いたとされている（Aは定数）．実際，気体論の教科書を読んでいくと，上の式が5つの仮定だけで自然に出てくるように見えるのだが，これを予備知識なしに自力で導いて見よといわれたら，私はお手上げになりそうだし，私でなくても手こずる人が多いのではないかと思う．50年に満たない短い生涯の間に，電磁気学に加えてこの分布をゼロから導いたマクスウェルはやはり天才である．

　それにしても，どうしてこのマクスウェルの分布則は不動の地位を獲得したのだろうか．私は気体分子の速度の分布を直接検証した実験や論文に出会ったことがない．ニュートンの法則の前には，ガリレオの落体実験やケプラーの天体観測など膨大な実験データの集積があり，その後にも数え切れないほどの実例によってそれを疑う余地はなくなった．速度（エネルギー）分布に関しては，より複雑な系にみえる金属，半導体内部の電子気体の縮退を考慮したフェルミ分布が導かれ，実験的な裏づけも得られている一方，通常の気体に対してこの

分布則はどのような実験的裏づけのもとに妥当性が認められたのか，それがはっきりしない．TOFの手法で確かめられそうな気がするが，真空関係の研究者にとって魅力のないテーマなのかもしれない．個人的希望ではあるがこの分布を直接検証した結果や分布則が物理学の中で確立してきた過程をご教授願いたいものである．加えて極高真空や微小体積，さらに超高圧や超臨界状態など縮退を考えたくなるような状態でこの分布則がどこまで適用できるのか，この分布の妥当性，適用限界を事例で教えていただけないかと思っている．

　巨人の業績は偉大すぎて，時には茫漠として凡人には偉大さに気づかないこともある．私にとって巨人たちの業績はもはや個人名を超えて定着した歴史的産物であり，四則演算のように無謬性を信じきって使わせてもらうことにしているが，同時に彼等の業績の形成過程にたいする理解不足を反省することしきりである．

48. この巨人はちょっと違う：ファラデー

　マクスウェルと同じくらい偉大な巨人であるファラデーに対しては，私はマクスウェルとは全く違った感想を持っている．彼の著作の一つである「ロウソクの科学」という子供向きの本が岩波文庫から出ているのは高校生の頃から知っていた．大学に入ってからは彼の実験書「Experimental Researches in Electricity」を丸善で探して読んだりもした．また，わざわざロンドンのFaraday Instituteまで出かけて彼の電気分解や電磁誘導などの実験装置を見たり伝記を買ったりして彼との親交？を深めた．ファラデーは無理に分類すれば化学者なのだろうが，上に挙げた本や実験装置からはむしろ化学という枠を超えて科学を本当に愛した人という姿が浮かび上がる．

　ただ，私がファラデーにこだわっている理由は彼の化学実験や電磁気学に関連してだけではなく，前にに挙げたChopraの著書「Thin Film Phenomena」に，真空蒸着法の元祖としてファラデーの名前が挙がっていたからである．この本によると，人工的な薄膜として，文献こそ挙げていないが，電球の管壁にできた炭素の薄膜をエジソンがはじめて観察したとある．エジソンといえば，白熱電球や蓄音機などの発明品がすぐに思い浮かぶが，後に熱電子放出といわれる

ようになったエジソン効果など物理現象にも関係した発見もあって単なる発明家，企業家とはいえない．ただ彼が観察した炭素の薄膜は，想像ではあるがむしろ管壁の汚れと認識されたのではないかと思う．

　その次に金属線の大電流爆発（ヒューズの溶融蒸発と同じ原理）による最初の金属薄膜の蒸着はファラデーが行ったと書いてあり，こちらの方は捨て置けないと思った．電磁誘導などという物理学の根幹に関わる現象を発見した人が，こんないたずらのようなこともしたことがあったのかと思うと，他の巨人たちと違った親しみを感じた．そこで関連して挙げてある文献をみると，

　　　M. Faraday: Phil. Trans. Roy. Soc., London, **147** (1857) 145

とあり，H.Mayer のテキストにも同じ引用文献があがっている．

　エジソンの論文なり，文章なりがあるかどうかわからないし，私は書いたものでしか人の業績を評価できないので，彼の業績はスキップしてファラデーに関しては後でもう一度述べさせてもらう（63．ファラデー登場）．

　真空研究の先達にトリチェリ，パスカル，マクスウェル，薄膜研究の方にはニュートン，エジソン，ファラデーなどと有名人の名前を連ねられると思うと，関連の深さは度外視して，凡人としては少しだけ誇らしげな気分になる．

49．ヤングさん

　薄膜の核形成過程に関しては多くのモデルが出され，1960〜1970年代にかけて一時は薄膜研究者の関心の中心的課題となったこともあった．これについては，項を改めて記すことにするが，その中で行われた，たとえばZinsmeisterに代表される精緻な議論は，コップの中の嵐のようなところがあった．現在はあまり省みられることがなく，一種の回帰現象で19世紀はじめに公にされたヤングの式が核形成のモデルの説明になっている．この式は，最近需要を増してきた親水，撥水性薄膜の性能評価にも頻繁に使われるようになった．この式について感想を述べてみたい．

　今まで過去の物理学の巨人といえる人達の名前を並べてきたが，それらの巨人たちは雲の上から私を睨んでいた．私個人の目から見ると，それより少しだけ低いところにいる小さ目の巨人の方が直接的な接触は多く，そういう一人

に，ヤング（T.Young）がいる．接触が多い分，親しみと有り難味を強く感じて，ヤングさんといいたくなる．

ヤングといえば，光が波動であり，しかも横波であることをはじめて唱えた人として知られており，それを証明する2重スリットによる光の干渉実験は物理の学生実験でおなじみである．また，物質の弾性を表すフックの法則における比例係数がヤング率と呼ばれるのはご存知だろう．この人は14歳でニュートンの「プリンキピア」を読破したほどの早熟で，しかも恐ろしいほど博学多才であった．言語学者，考古学者として，シャンポリオンに先立って大英博物館所蔵品の目玉であるロゼッタ石に書かれたヒエログリフの一部（プトレマイオスなど古代の王の名前）を解読したと伝えられる．また眼科医として光の3原色説をはじめて唱えたそうである．ヤングは多才なだけに，一方で物理学に関する論理の展開に飛躍や曖昧さがあるという指摘もある．しかし薄膜の核形成過程を分類する際に，表面張力の釣り合いを記述したヤングの式は今でも有用とされている．ヤング自身は固体表面上の液滴の安定性に関して彼の導いた公式が固体薄膜の核形成にまで適用できると考えたとは思えないが，彼の意図とは関わりなく，この式の持つ本質的な有用性によって薄膜形成の初期過程の分類に利用されるようになった．

50．表面張力の矢印？

ヤングの式として知られている式は，私もたしか高校生のとき，物理か化学の授業で聞いた覚えがある．ただ，ヤングの原論文というのは私のような科学史の素人で，現役を引退しているものにはきわめて入手しにくく，ヤング自身がどう考えたかがわからない．ヤングの論文は

T.Young: Phil. Trans. Roy. Soc., London, **95** (1805) 65-87

に"An Essay on the Cohesion of Fluids"という表題で掲載されているようだが，不幸にして，私の検索可能な電子ジャーナルで追跡できるのはここまでである．やや緊張感に欠ける表題だが，full textをプリントすることはできず，内容の解説は後世の研究者任せである．

念のためだが，以下で述べる表面（Surface）とは気相または真空と凝縮相と

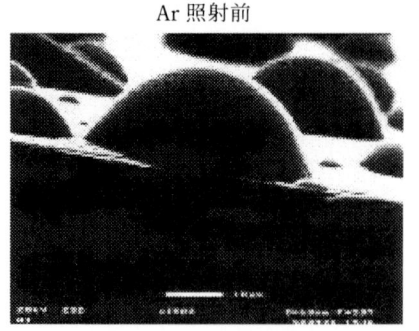

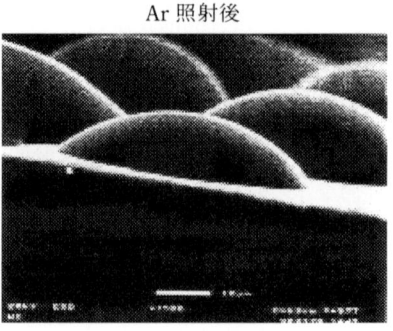

図58 液滴の形．ESEM（環境型走査電子顕微鏡．試料保持部の圧力が環境に近い10 Pa前後でも観察できる）で観測されたシリコン基板に凝縮した水滴の写真．凝縮前にシリコン基板をArイオンで照射した場合とそうでない場合の接触角の違いを示している．

の間の境界で，界面（Interface）とは二つの凝縮相間の境界のことである．

ヤングの式は図58に示したような固体表面上の液滴の形（形といっても要するに球帽状の液滴の接触角のことだが）をきめる式で，多くのテキストでは図59に示されるような図形中の記号を使って，以下のように書かれるのがふつうである．

$$\gamma_s = \gamma_{fs} + \gamma_f \cos\theta \tag{1}$$

ここで，γは表面張力（Surface Tension）と呼ばれる量で，添え字のs, f, fsはそれぞれ基板表面，薄膜表面，薄膜・基板間界面を表す．この図を引用しているテキストには図59中のγの存在を示す太い直線の先端に，矢印の記号がつけられることが多く，これらの量がベクトル量であることを示しているように見える．

石鹸水の表面に力が現れることは，石鹸膜を作ることで実感されるが，固体でできた基板の表面にも張力が存在するという認識がヤングに有ったのか，何が何に及ぼす力かを認識した上でヤング本人が矢印を付けたのだろうか．よく分からないままに，手元の本棚にあった矢印つきの図の載っているテキストを挙げてみる．（頁は図の掲載頁）

　　水島宜彦他編：薄膜物性工学・界面物性工学，オーム社，1968年，345頁，
　　D.M.Brewis ed.: Surface Analysis and Pretreatment of Plastics and Metals,

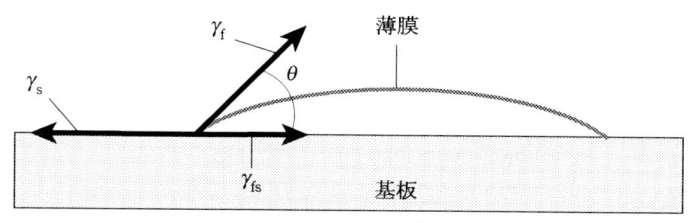

図59 ヤングの式を説明するためによく用いられる図.矢印は何を表しているのであろうか？

  Applied Science Publishers, London, 1982, p.127
 D.L.Smith: Thin-Film Deposition, McGraw, Inc. New York, 1996, p.154.
最後のSmithのテキスト中では，この式は基板とその上の物体との接点におけるForce balance（力のつり合い）を表すと書いてある．しかし，一目瞭然であるが，少なくともこのように書かれた表（界）面張力γを表すと思われる三つのベクトルを合成しても，バランスはしない．

ベクトルという意味でヤング自身が矢印をつけたのかどうか分からないが，表面張力を考えたとき,中高生などが試みることもある石鹸膜の表面張力実験のような針金でできた枠に張られた膜を思い浮かべていたのかもしれない.石鹸膜のように極端にいえば表面だけしかないような液体は,他の物体に接すると力を及ぼすことが観測され，このような力を表面張力と名づけたのであろう．

並行な二つの枠間に張られた石鹸膜には表裏があって両表面で針金を引っ張るが，このとき両面からの合力は,膜面内にあると考えるのは対称性から考えて自然である．しかし，片方の面だけの表面張力の向きが面内にあるという根拠は明確でない．それにも関わらず，なぜか表面張力は片面だけでも膜面内方向を向くという思い込みが定着した.さらにそれが固体表面にまで拡大した理由は全く分からない．

ヤングには問いただしたいことはいろいろあるが,矢印に関する疑問はさておき，(1) 式の形そのものは，今は広く流布されているように見える．

51. ギブスエネルギー

　ヤング（1773年生）は熱力学の創始者の一人といえるクラウジウス（R.J.E. Clausius: 1822年生）より半世紀も前の生まれであるから，いくら天分に恵まれていても内部エネルギー，エントロピー，自由エネルギーなどの概念を持てたとは思えない．したがって液滴の安定性などの説明は力の平衡という考えだけで行おうとしたのであろう．しかし安定性は核を含む系に仮想的な変形を準静的に加えたとき，ギブス自由エネルギー（以下，自由を省略）G 極小の条件から決めるべきと考える．ただし私の熱力学の知識は，ほとんどは3次元理想気体に関するものに過ぎず，核という固体に表（界）面という2次元的物体が関係する系の平衡を，その貧しい知識で考えることになる．

　表面物理学では，二つの異なる相が接するときにはその境界にあたる表（界）面近傍には固有の相が現れ，その存在によって系に固有の表（界）面過剰量が発生するとする．これは経験的にも容認できる仮定である．

　G はよく知られているように

$$G = U + pV - TS \tag{2}$$

で与えられる．記号は通常の使用法に従っているが，簡単化のため仮定を導入するのでコメントが必要である．

　まず，理想気体の熱力学で使われる概念は，固体でも使われるとする．熱平衡を考えるときに必要な仮想的な形状変化において，固体内部の内部エネルギー U，圧力 p，体積 V，絶対温度 T，エントロピー S はすべて変わらないと仮定する．そして，G の中の表（界）面の存在によって生じる表面過剰量 G_s, G_f, G_{fs} だけが仮想的形状変化の中で影響を受けるとする（ここで，添え字 s, f, fs は (1) と同じ意味を表す）．G_s, G_f, G_{fs} の中には，形式的には圧力と体積の項が入るが，表（界）面の体積は0と考え，pV の項は考えない．したがって，表（界）面に関する限りギブスエネルギーはヘルムホルツエネルギーと同じになる．

　薄膜の形成過程で生じた核や島に仮想的に微少な変形を加えても G のバルク部分は変化しないと仮定した．そうすると，変化するのは核と基板の表面積と核・基板間界面の面積だけであるから，G_s, G_f, G_{fs} は表（界）面に局在していると見なし，表（界）面の面積だけを計算すれば安定条件を求められることに

なる．図60に示したように基板上の球帽状の薄膜の核が体積を変えずに少し変形して基板・薄膜間界面の面積がdAだけ増えたとする．計算は2次元的に行うので，球帽というよりかまぼこ型を想定していることになるが，球帽とかまぼこの違いは無視する．

薄膜・基板間界面の面積がdAだけ増えたのであるから，基板表面の面積はdAだけ減少する．したがって両者を合わせたギブスエネルギーの変化は，

$$G_{fs}dA - G_s dA = (G_{fs} - G_s)dA$$

である．また薄膜・基板間界面の面積が変化したために球帽が少し変形し表面積は図60からわかるように近似的に$dA\cos\theta$だけ増えるから，G_fの増分は

$$G_f dA\cos\theta$$

となる．したがって系全体のギブスエネルギーの増分dGは

$$dG = (G_{fs} - G_s)dA + G_f dA\cos\theta = (G_{fs} - G_s + G_f\cos\theta)dA$$

となる．熱平衡状態では系全体のギブスエネルギーが極小，すなわち$dG = 0$であるから，

$$G_{fs} - G_s + G_f\cos\theta = 0$$

$$G_s = G_{fs} + G_f\cos\theta \tag{3}$$

が得られる．ヤングが考えた表（界）面張力γとは表（界）面ギブスエネルギーGのことだと考えれば，ヤングの式は，ヤングの考えとは異なるかもしれないが，結果としてギブスエネルギー極小という条件を示す式であり，図59の矢印はただ存在を明確にするだけの記号だと思えばよいということになる．

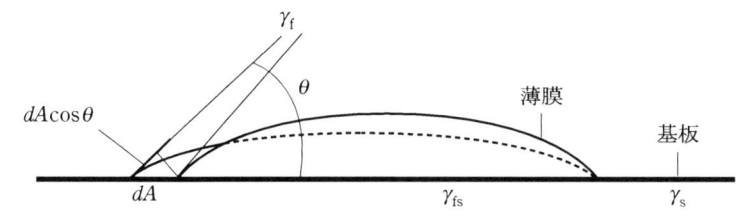

図60 液滴の形がわずかに変化したときの液滴の表面積の変化．界面がdA変化して，液滴表面が$dA\cos\theta$変化する（記号は124頁(1)式参照）．

52. 正しいような，そうでもないような

　表面に関する物理量を，専門家の記述（たとえば"前田正雄他著：表面の一般的物性，朝倉書店，1971年"の［第1章 表面の熱力学］）を参考に挙げてみる．以下，表面だけ挙げるが，"表面"はそのまま"界面"に置き換えられる．

　<u>表面自由エネルギー</u> G_s：等温，等圧で，物体表面に新しい表面を準静的に作り出すのに必要な仕事．単位は［J/m²］であるが［N/m］でもある．

　<u>表面張力</u> γ：等温，等圧で，物体表面に単位面積を新しく準静的に作り出すのに必要な単位長さあたりの力．単位は［N/m］．方向を持つベクトルと考えて，ここで $\gamma(\gamma=|\boldsymbol{\gamma}|)$ と記してみる．この数値は表面自由エネルギーの数値と一致．新しく面積 $d\boldsymbol{A}$ の表面ができたとすると，$d\boldsymbol{A}$ を面積変化の方向を持つベクトルと考えて $d\boldsymbol{A}(dA=|d\boldsymbol{A}|)$ との内積をとり

$$dG_s = \boldsymbol{\gamma} \cdot d\boldsymbol{A}.$$

　<u>表面エネルギー</u> U_s：表面の存在によって過剰に現れる内部エネルギー．すなわち $G_s = U_s - TS_s$（S_s は表面エントロピー）．これはよく表面自由エネルギーと混同されるが内部エネルギーのことである．

　固体の場合，表（界）面の面積を仮想的に変えるとき，原子配列，原子数密度や物性など表面の状態が変わらない変え方と，フックの法則に従うような弾性的な歪を生じる変え方がある．後者の場合，γ は面積 A の拡大と共に増加するので，面積 dA を新しく作るのに必要な仕事 dW_s は γ と A の関数になり，

$$dW_s = dG_s = d(\boldsymbol{\gamma} \cdot \boldsymbol{A}) = \boldsymbol{\gamma} \cdot d\boldsymbol{A} + \boldsymbol{A} \cdot d\boldsymbol{\gamma}$$

$\boldsymbol{\gamma}//\boldsymbol{A}$ の場合は絶対値だけ考えて

$$\frac{dG_s}{dA} = \gamma + A\left(\frac{d\gamma}{dA}\right)$$

となる．さらに核がただ基板の上に載っているだけで，γ が A に依存せず，仮想的変形で基板に弾性的歪みを生じないとすれば

$$G_s = |\boldsymbol{\gamma}|A = \gamma A$$

という結果になる．表面張力とギブスエネルギーとは，一方が力というベクトル量で他方がスカラー量になるというところで混乱が起きる．表面張力といっても平衡状態ではそれと表（界）面上の移動距離とのスカラー積が考察の対象

になるのだから，ヤングの式は表（界）面張力間の釣り合いを表すなどとはいわず，γは単位面積当たりの表（界）面ギブスエネルギーで，ヤングの式はその極小を表す条件式といえば誤解はない．

　ヤングの式は液滴の形を説明する古典的公式だが，それが核形成という<u>固体</u>に関わる現象の解釈にも使われ，"濡れ"という概念の導入で理解できると信じられた．先に21節の図31で述べた薄膜形成の3態の説明にも使われている．ただ，この式が固体薄膜の核形成にまで拡張できるかは実験的に証明されているわけではない．この式が正しいのか正しくないのか，実ははっきりせず，定性的な説明に都合がよい式という理由だけで多用される．式を特徴付ける固体の表（界）面自由エネルギーや接触角の信頼できる値などほとんどない，などといったら，専門家にお叱りを受けそうだが，だとしたらぜひ，シリコンやガラスの表面自由エネルギー，その上のガリウムや砒素の接触角の信頼できる値をご教示頂き，核形成におけるヤングの式の正しさを示してもらいたいものである．

53．Three Thomsons そして Child

　物理学者にはまれに同姓の有名人がいる．物理学者だけでなく，数学者のBernoulli，物理・化学者のCurie，ついでにいえば，画家のBruegel，作曲家のStraussなど同姓の有名人がかなりいるものである．Bernoulli姓は，皆一族であり，Curie姓は物理と化学に亘って，Pierre, Marie, Joliot, Ireneと4人のノーベル賞受賞者がいるが，こちらもやはり一族である．

　物理学者に限ると，Thomson姓は際立って有名である．私個人でも3人のThomsonが思い浮かぶ．4人いるという物知りもいるが，どうやら4人目は物理学者というより，電気工学者というほうが相応しいらしいので，ここでは私がなじんでいる3人に絞ることにしよう．3人を生まれた年代順に書くと，いずれも19世紀生まれで，

1. Sir William Thomson (Lord Kelvin) 1824年生まれ
2. Sir Joseph John Thomson, 1856年生まれ
3. George Paget Thomson, 1892年生まれ

である．以下，簡略化して，上から順に大トムソン，中トムソン，小トムソンと呼ばせてもらう．彼等の顕著な業績は，大トムソンは言うまでもなく熱力学の第2法則の発見であり，絶対温度Kの単位にその名を（ケルビンの名前で）残している．中トムソンは電子の発見，小トムソンは電子の波動性の実証で，中，小トムソンは親子関係にあり，共にノーベル物理学賞を受賞している．しかし，彼等が物理学に及ぼした影響を評価すると個人的には大，中，小の順になっているように思う．

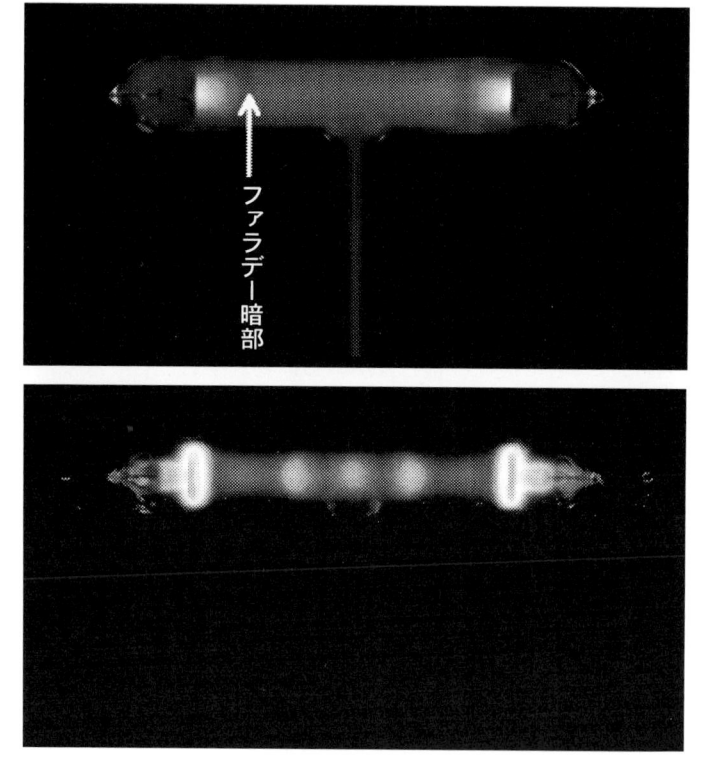

図61　ガイスラー管におけるNeガスの放電の様子．放電ガスと圧力により放電の様子が変わる（東京大学生産技術研究所 松本益明氏提供）．

この序列は私が勝手につけただけで，彼等がその時代ごとに大きな権威を持って他者に臨んでいたことは疑いない．その中で，今ここで話題にしたいのは，中トムソンである．彼は真空放電に関しても多くの実験とその結果の解析，解釈を行った．以後，煩わしいので，中を取って，ただトムソンと書く．
　真空・薄膜関係のテキストの序文やhistorical reviewなどを読むと，19世紀後半から20世紀前半は真空放電実験が花開いた時代であったようだ．もともとは，かのファラデーが真空放電を初めて観測したとする文献もあり，実際に，スパッタリングなどでもなじみのあるグロー放電プラズマの一部はファラデー暗部と呼ばれている．1850年ごろには真空放電管と呼べるものがガイスラーらにより作られていたらしいが，その排気系は明らかでない．エジソンの電灯会社が水銀液柱ポンプを用いて白熱球を製造し，家庭に電力を供給し始めたのは（直流送電であったそうだが），1876年とのことであるから，19世紀前半の真空放電実験装置の排気はまだ手押しの機械式ピストンポンプであった可能性が高い．真空ポンプも徐々に開発が進み，20世紀はじめにはゲーデによる油回転ポンプが作られ，いろいろの実験がやり易くなってきた．同時に，真空放電による発光現象の持つ神秘性などが多くの研究者にとって非常に魅力的な研究テーマになってきたのではないかと思う．そのような研究者の一人がColgate UniversityのC.D. Child（以下，チャイルドと書く）である．彼も，この真空放電実験に魅せられ，研究に参加したようだ．

54．原子爆発？に異議あり！　ついでに蛇足
　チャイルドの研究の直接のincentive（動機）となったのはトムソンの仕事である．トムソンは真空放電実験で，陰極線（Cathode Rays）の観察から電子の存在を見つけたといわれる．陰極線とはイオンが陰極に衝突すると放出される2次電子線のことで，それがガラスの管壁に衝突すると蛍光を発する．この陰極線の近くに電場や磁場をかけて陰極線の曲がりを観測したのが電子の発見につながったそうである．トムソンはその真空放電実験で，（放電ガスが何だったのか分からないが，多分空気？あるいは水銀？）電流がある程度を超えると放電管内部が発光する（luminous discharge）ことに興味を持って，その原因

は，原子に電子が繰り返し衝突（repeated impact）し，原子がエネルギーを蓄えて不安定になり，爆発（explosion）するからだと考えた．チャイルドはこの繰り返し衝突による原子爆発に異議を唱え，その不可能を実験的に示そうとした．今から100年ほど前のことである．彼の研究結果は，

　　　　C.D.Child: Phys.Rev., (Series 1), **32** (1911) 492

に"Discharge from Hot CaO"というタイトルで発表されている．今は，この論文は空間電荷制限電流（Space Charge Limited Current : 略称SCLC）を与える式を導いたものとして有名であるが，彼自身はSCLCという言葉は用いておらず，もともとは当時の権威者の一人であるトムソンに噛み付いた論文という方があたっている．率直にいうと，こんなごたごたした主旨をつかみにくい論文を，よくレフェリーがそのまま通したものだと思うが，昔はあまり審査が厳しくなかったのかもしれない．

　余談だが，チャイルドや同世代の物理研究者が研究結果を発表したよく知られた雑誌の一つが，Phys. Rev. である．1900年代初頭のPhys. Rev.の論文を見ると，とにかく長い．一つの論文の長さが20〜30頁もあり（といっても，1頁の字数は今の2/3〜1/2くらいであるが，それでも長い），チャイルドの論文も20頁ほどである．しかも，特に初期の頃にはアブストラクト，序論，実験方法，実験結果，考察，結論といった今は定式化された論文の区分けと順番の形式がはっきりせず，ときどきイタリックでキーワードがパラグラフの頭に示されるだけで，始めから終わりまで文章が切れ目なく続く．さらに，図面にfigure caption（図の説明）がついていない．したがって，アブストラクトだけ読んで終わりにしたり，序論と結論を先に読んで，後は図面のcaptionを拾い読みして論文を読んだことにしたり，といったよく行われる手口が使いにくい．

　もう一つ余談を付け加える．今から50年ほど前に私が始めて英語の論文を日本の某学会誌に投稿したところ，多分，英語がよくできて大物と思われるレフェリーから，学術論文に，I, weなどの一人称など使ってはならぬ，特にIなどもってのほかだ，と強く指摘された．私もいくらなんでもIは使わなかったような気がするのだが，当時の日本の英文誌ではweもあまり使われず，ほとんど受身形で書かれていたようだ．かろうじて，Acknowledgement（謝辞）に，

the author とか the authors などの三人称の形で自分を表すことが許されていた．今では日本の英文誌に we はふつうに登場するようになったが，チャイルドの論文をみると，we は頻繁に出てくるし，所々に I や myself が登場する．どうも日本の研究者は，I, we に限らず，何事にも堅苦しく考えすぎるようなきらいがあり，文脈によって適当と思われる表現を使い分けてもよいのではと思うことがある．

55. チャイルドのしたこと

　閑話休題，チャイルドは真空放電における I-V 特性を綿密に測定した．1900年代初頭に μA 以下の電流が（ナノという単位は使われていないが）測定されていたらしいのは驚きと思われるかもしれないが，最近使われなくなったガルバノメーターを用いて測定した．当時の放電に関する常識を知らないのでよくわからないことが多いが，放電（discharge）を luminous（発光：以下 lum と記述）状態と non-luminous（非発光：以下 non-lum と記述）状態に分けて，その間の電流値の遷移に注目している．チャイルドの批判の対象となったのは，トムソンの論文

　　　　J.J.Thomson: Nature, **73** (1906) 495

と思われるが，私には入手困難で，トムソンが何を主張したのかは直接には分からない．ただ，2人の放電に関する認識に少し違いがあるようで，トムソンは発光が起こったことを放電といい，チャイルドは陽極，陰極間に電流が流れることを放電といっているように見える．さらにチャイルドの論文を読んで分かりにくいのは，放電が電子によるイオン化と，それによる電子のカスケードやアバランシェによる増殖という考えがないことで，正イオンの生成と電子の役割が判然としないことである．

　チャイルドが問題にしているのは，先に述べたトムソンのいう繰り返し衝突（repeated impact）と原子爆発という仮定である．Repeated という意味があまりはっきりしないが，要するに原子に電子が何回も衝突してそのたびに原子にエネルギーが貯まり，膨らんだ風船のようになって最後に爆発して電子を放出するというのがトムソンのいう放電である．そのため，発光とともに大きな電

流が流れるとしている.

　トムソンは放電ガスのnon-lumからlum状態への遷移で急激な電流増加があるとしているが,チャイルドは自らの実験を通じて,そのようなことは起こるとは限らないことを見つけた.そして,放電状態に変化をもたらす原因は,電流値だけでなく,陰極の物質と温度にもよるということを示すため,陰極にPtとCaOを用い,さらにその温度を変えた.実験の詳細は省略するが,チャイルドは放電のnon-lum, lumの間に先に述べたように必ずしも急激な電流の変化が起こるとは限らないことを観察した.

　チャイルドの論文を読んでいると,正イオンの他に負イオンと電子が出てくる.ところが論文中では負イオンと電子を違うものとしているのか同じものなのかがはっきりしない.もう一つ,non-lumとlumをどのように操作して作ったのかもよく分からない.とにかくnon-lum状態では放電管中での急激な電位変化は観測されない.一方でlum状態では,陰極近傍で急激な電位の上昇が観測された.これは,現在われわれが陰極シースと呼んでいる部分に相当すると思われる.チャイルド自身はこの結果にあまり重点を置いていないが,もしかすると,シースを初めて観測した人といえるかも知れない.

　チャイルドは,電子の動きに関心がないらしく,放電に関しても,イオンの動きに着目し,二つの平行平板電極間に流れるイオンによる最大電流（the maximum current あるいは the largest current）を求めようとした.さらに計算のプロセスを見ると,なにが最大電流なのかよく分からないが,無限大の平行平板間という理想的な条件下で流れる電流のことを指しているようだ.実際には,電荷の運動に関してニュートンの第2法則を適用し,電流が電荷密度と電荷速度の積に比例すること,エネルギー保存則とポアソン方程式（ポアソンという名称を使っていないが）が成り立つことを利用し,最終的には,最大電流を与える式として有名な

$$I = \frac{1}{9\pi}\left(\frac{2\varepsilon}{m}\right)^{\frac{1}{2}}\left(\frac{V_1^{\frac{3}{2}}}{x_1^2}\right) \tag{1}$$

という形を得ている.ここで,記号は,チャイルドに敬意を表して,彼の使った記号をそのまま使って記してあり,Iはcurrentと書いてあるが,イオンの電

流密度, ε はイオンの電荷, m はイオンの質量, V_1 は電極間の電位差, x_1 は電極間距離である. この式の導出過程は, 現在の基礎物理のテキストにほとんどそのまま使われている. ただし, この式は静電単位で書かれているので, SI単位系では $1/9\pi$ が $4\varepsilon_0/9$ に変わる (ε_0 は真空の誘電率).

　この式は, 空間電荷制限電流を表す式として知られ, Child または Child-Langmuir の式と呼ばれているが, はじめに発表したのはチャイルドであり, 彼はだれも計算していないので, 自分で導いたと述べている.

　彼自身はこの式が, 後に空間電荷制限電流などと呼ばれ, 基礎物理の教科書などにも記述されるようになるとは思わなかったのではないか. この論文ではこの式を根拠にした議論があまり行われてないのは不思議である.

　むしろ彼の関心は, 放電発光が電子の repeated impact による原子の explosion によるとするトムソンの考えにあるらしく, そんなことは放電管中の電子の数を考えれば起こり得ないとしている. さらに, non-lum から lum への変化で大事なことは, 陰極の種類と温度で, 高温にした CaO ではイオン化が起こりやすく, lum になりやすいとしている.

　彼が, 放電がどのようにして起こるかについて, 今でも通用するモデルを出したとは思えないが, この論文では副産物のように思える空間電荷制限電流を表す式と, 陰極シースの観測結果は後世に伝えられるべき業績であろう.

56. ラングミュアにちょっと肩入れ

　物理や化学を学んだ研究者でラングミュア (I. Langmuir, 1881～1957) の名を聞いたことのない人は少ないだろう. 多分, 20世紀最大の物理化学者の一人といえる人物である. 私が彼の名前を知ったのは学部学生の頃, 雑誌で, 今でいうラングミュア・ブロジェット膜という単分子膜に関する記事を読んでからである. 大学院では真空に関する講義やテキストで, ラングミュアの吸着等温式を知って, 少し親しみを覚えるようになった. 薄膜をスパッタリング法で作るようになってから, 少し, プラズマの勉強をし, グロー放電の陽光柱を表すのにプラズマという言葉を始めて使ったのがラングミュアだと聞いて, さらに身近に感じるようになった. 彼が研究生活の大半をアメリカのGE社で過ごし,

ガス入り電球の研究を行ったことを知ったのはずっと後のことである．彼の研究は多面的であるが，真空放電に関しても強い関心を持っていたようだ．

私は先に挙げた式(1)を何かの本で初めて見たとき，確かラングミュアの式と書いてあったような気がする．それがいつの間にかラングミュア・チャイルドの式，さらにチャイルド・ラングミュアの式になり，最近はチャイルドの式と呼ばれることが多くなった．それで，ラングミュアは，真空中における電流，特に空間電荷制限電流についてどのような研究を行ったのかを知りたくなって，彼の原論文を当たって見た．彼の論文は数多いが，多分これだと思うのは，チャイルドの論文の2年後に出された

 I.Langmuir: "The Effect of Space Charge and Residual Gases on Thermionic Currents in High Vacuum", Phys. Rev., **2** (1913) 450

である．彼の論文には，きちんと Space Charge いう言葉がはいっている．この論文もご多分にもれず，長くて37ページほどある．

ただし，この論文は，チャイルドの論文に比べればはるかに読みやすい．チャイルドの論文はやたらごたごたしていて論旨は一体どこにあるのか，はなはだつかみにくいが，そのあとでラングミュアの論文を読むと，はるかに明快で，これなら，SCLC を勉強したい人に一度は目を通しておきなさいと薦められるくらいである．（本気で薦める気はないがチャイルドの論文の後で読むとすらすら読めて気分がよい．ついでであるが，この論文では自分のことを，the author でなく，the writer と書いている．）

この時代，すでに炭素や白金などのフィラメントを加熱したときの熱電子放出は，エジソン効果という名で知られていた．熱電子放出に伴う電流と温度の関係は，リチャードソン（O.W. Richardson）により研究されており（1912），

$$i = aT^2 \exp\left(-\frac{b}{T}\right) \tag{2}$$

という式は温度制限電流に関するリチャードソンの式として有名で，すでに知られていた．ここで，i は電流密度，a, b は定数，T は絶対温度である．ただこの式を炭素フィラメントに適用して炭素の温度を 2500 K くらいにすると，1 cm² あたり数千Aくらいの電流が得られることになるのに，実際ははるかに小

さい電流しか得られないという疑問が生じていた．

　ラングミュアはこの熱電子による電流（温度制限電流）変化を，ヘアピン形をした二つのタングステン線の一方を陰極とし，他方を陽極として両極間の電圧を125Vと一定にし，その温度をほとんどタングステンの融点近くまで上げることによって詳しく調べた．その結果，温度が2200K以上では，電流が6×10^{-4}A以上にはならないことを観測した．電流は電圧を一定にすると温度を上げてもある値で飽和してしまうのである．電圧を変えても，飽和する温度はほとんど同じであった．ラングミュアはこの論文で，徹底的にリチャードソンの式を引用し，その正当性と適用限界を調べている．彼の時代の最高の真空（彼の表現だと"perfect vacuum"だが，液体空気トラップつきの水銀ポンプによる排気で，到達圧10^{-4}mmHg～10^{-2}Pa程度）で，タングステンからの熱電子放出はある温度範囲までは正確にリチャードソンの式に一致することを見つけた．彼の論文を読むと，彼の研究はリチャードソンの式を基礎にして，その式に含まれる定数（今で言えば，熱電子放出の活性化エネルギーなど）をきめることに主眼があるかのようにも見えるが，その適用に限界があることから，空間電荷制限電流の式を導いたのである．さらに空間に気体が存在する場合，非常に多くの種類について，それらが電流と温度の関係に及ぼす効果を調べ上げた．

　ラングミュアは，おそらくはじめて明確な形でこの飽和現象は陰極と陽極の間の空間に存在する空間電荷＝電子の影響であることを示し，空間電荷制限電流を与える式として，

$$i = \frac{\sqrt{2}}{9\pi} \sqrt{\frac{e}{m}} \frac{V^{\frac{3}{2}}}{x^2} \tag{3}$$

を得たといえるであろう．ここで記号は彼の記号をそのまま用いており，eは電子電荷，mは電子質量，Vは陰極，陽極間電圧，xは陰極，陽極間距離である．これは形の上ではチャイルドの式とまったく同じといってよい．

　ラングミュアはこの式の脚注として，この論文を提出してからチャイルドがこの式を導いていたのに気が付いたが，チャイルドは，正イオンによって伝導が起こる場合のみに適用している，と弁解のようなことを記し，この論文では

チャイルドの仕事は一切無視している.

　式の形だけ見れば, (3) は明らかにチャイルドの式と同じである. 導出の過程も同じである. 2人とも, 空間電荷の影響をポアソンの式を考慮することで導入している点でも同じである (チャイルドはポアソンの方程式という言葉を使わず, ラングミュアはラプラスの方程式といっている). 式の導出過程もラングミュアとチャイルドは同じで, そういう点では (1) も (3) もチャイルドの式というべきかも知れない. しかし, チャイルドは放電による発光現象とそれに伴う大電流発生の問題に捉われており, しかも正イオンの挙動のみに注目し, 高温陰極では正イオンができ易いなどという定性的説明に終始し, 自分の導いた式で何かを説明しようとしていない. ラングミュアはたしかに後から同じ式を同じプロセスで導いた. だが彼はリチャードソンの式の限界の存在と, それを説明する理論として空間電荷の役割を明確に示した. この点を考慮すると (1), (3) はむしろ空間電荷制限電流に関する Langmuir-Child の式といいた

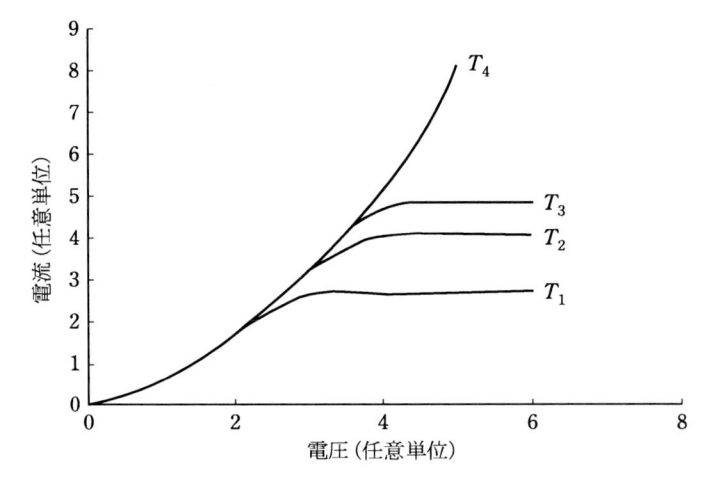

図62　真空放電における電圧と電流の関係を示す模式図. 温度一定で, 陽極・陰極間電圧を上げるとある電圧以上で電流が飽和する (温度制限領域). つぎに電圧一定では, 陰極の温度を $T_1<T_2<T_3$ の順にほぼ等間隔であげると, やはりある温度以上では電流値は飽和する (空間電荷制限領域). T_4 は Richardson の式を当てはめたもので, この飽和電流は電圧の3/2乗となる.

くなるが，識者のご意見は如何．

なお参考のため，空間電荷制限電流と温度制限電流の電圧変化を示す模式図を図62に示しておいた．平行平板電極の大きさを電極間距離にくらべて十分に大きくとると，かなりきれいに曲線がフィットする．

57．エピタキシー見参

エピタキシー（epitaxy）という言葉は，かなり多くのテキストに，フランスの鉱山大学の鉱物学者と思われるL.Royerという研究者が，次の論文

  L.Royer: Bull.Soc.Fr.Mineral.Crist., **51** (1928) 7

  L.Royer: Compt.Rend., **194** (1932) 1088

の中で，特殊な結晶成長現象を表すためにギリシャ語から作った造語であると書かれている．このepiはギリシャ語の"の上に"あるいは"へ向かって"を表す前置詞$\epsilon\pi\iota$，taxyは"戦列"を表す$\tau\alpha\xi\iota\sigma$に由来するらしい（最後のσは最後尾にあるので英語のsに近い字体にするべきだが私のPCの辞書にないのでやむをえない）．私は上に挙げた原典は読んだことがないし，ギリシャ語など知らないから，この説を丸呑みして，学生や初心者に講義をするときはそのまま伝えることにしている．この言葉を鉱物学者たちが薄膜研究者ほどなじんで使っているかどうかは付き合いがなくて分からないので，以下では薄膜の専門用語のように扱う．

日本語の本を見ると，エピタキシーの定義として，翻訳をそのまま当てはめて"薄膜結晶の方位配列"ですませているテキストから，"単結晶基板上に基板の持つ方位と，あるきまった方位関係を持つ単結晶薄膜が成長する現象"というような厳密な表現をしているものまでいろいろであるが，ここでは私の性格を反映して，"単結晶基板上に単結晶薄膜が成長する現象"という粗雑にして幼稚な定義をさせてもらう．

エピタキシーあるいはエピタキシャル（epitaxial）成長は薄膜の特徴をもっともよく表す現象の一つである．薄膜の基礎を教える教科書の中で，このことに触れていないものは極めて少ないといって過言でない．とはいいながら，私の愛読書の一つで，先に挙げた往年のベストセラー？

L.Holland: Vacuum Deposition of Thin Films (1960)

を繙いてみると，エピタキシーの"エ"の字も出てこない．Hollandはエピタキシャル膜を使う必要のない光学や抵抗器，電極などの分野に関わっていたので，薄膜結晶の方位配列にはあまり関心を持たなかったようだ．

私の個人的教科書で，今まであげてきた

H.Mayer: Physik dunner Schichten II (1955)

では，多くの基板結晶と薄膜の組み合わせに対してエピタキシー発生の膨大な実験結果を表にしている．彼はEpitaxieという言葉をあまり使わず，Orientiert aufwachesende Schichten（Epitaxie）という書き方をして，Royerのことはほとんど無視し，もっぱら方位を示すOrientierungという言葉を使っている．彼の作成した表には半導体薄膜は登場せず，全部Au, Ag, Al, Cr, Cu, Fe, Ni, Pd, etc. などの金属薄膜が，雲母，NaCl, $CaCO_3$, MoS_2 などほとんどは絶縁性の無機化合物基板の上で成長する場合が掲載されている．この表の中のデータには，上田良二，小川四郎など日本の回折結晶学研究の大先達が，1940年代～1950年代にかけて当時の日本数学物理学会誌（Proc. Math. Phys. Soc. Japan）やJ.Phys. Soc. Japanに発表した数多くのデータも引用されていて，彼らの旺盛な研究意欲とエピタキシー研究への貢献を垣間見ることができる．

58．昔は…

上にお名前を挙げた上田良二先生，小川四郎先生などの大先生達の活躍の時代が去って時が経った．そこで，以下では私が不束ながら"昔云々…"で始まる言い方で昔の研究を語ることを許してもらう．昔，私が薄膜研究を本格的に始めた1960～1970年代にもエピタキシー研究はまだ活発に行われていた．私がこの言葉を最初に聞いたのは，多分まだ院生時代，1950年代終わり頃で，日本物理学会の電子回折関係セッションだったと思う．その頃は主に電子回折や電子顕微鏡の研究者達がエピタキシー現象の把握に加えて，発生原因の追究に本格的に取り組み始めた頃だった．

当時と今との大きな違いは，対象とする物質である．homo- ないしは auto-epitaxy というような基板と薄膜が同一物質のエピタキシーには関心が集まら

ず，エピタキシーといえば基板と薄膜の物質が異なるhetero-epitaxyに決まっていた．Mayerの本の表に挙げたように薄膜物質はほとんど金属で，基板には主に単結晶の劈開面が用いられた．そして各種の薄膜・基板の組み合わせに対して，エピタキシー発生の条件が実験的に調べられた．ある段階までの集大成が，Mayerの本の表である．

初めエピタキシー発生の条件の一つとして重要視されたのがミスフィット（格子不整合，lattice mismatchなどともいうが，ここではミスフィットに統一）であった．基板結晶の格子定数をa，薄膜結晶の格子定数をbとするとき，$(b-a)/a$ がその組み合わせのミスフィットと定義された．直感的にはミスフィットが数％以下の小さな値ならば，似たもの同士の組み合わせなのでエピタキシーがおきやすいと考えるのは自然である．ところが研究が進むにつれて，ミスフィットが -36％のCu on NaCl，-31％のAg on PbSなど，大きなミスフィットでのエピタキシーが観測されるようになり，最終的にはミスフィットはエピタキシーに関係しないという結論が出された．先に引用したChopraは，著書"Thin Film Phenomena"で"A small lattice misfit is *neither a necessary nor a sufficient condition* for the occurrence of epitaxy."（格子間のミスフィットが小さいことは，エピタキシー発生のための必要条件でも十分条件でもない）と断定を下している．

私もミスフィットがエピタキシーに関係しないことは実験的に明らかだが，発生条件に影響する主な要因ははっきりしないと理解した．1980年代になると研究は下火になってきた．当時のエピタキシー研究は純粋に物理学的関心だけから行われ，デバイスと結びつかなかったせいであろう．

59．エピタキシー復活，ついでにミスフィットも！

それから，どのくらい年月が経過したのかはよく分からないが，エピタキシー研究がまた復活してきた．ただし，昔の回折専門の研究者に代わって登場してきたのが半導体プロセス，デバイスが専門の研究者である．これは集積回路の発展と共に，半導体単結晶薄膜の重要性が増してきたことに関係している．

エピタキシー技術の進歩によって良質の薄膜単結晶が作られ，それを用いて

画期的な半導体デバイスの開発や商品化が行われたことは事実である．そのためか現在のエピタキシーに対する関心は，物質面ではかなり限定されており，ほとんど半導体基板上の半導体薄膜，とくに化合物半導体薄膜のエピタキシーにあるように見える．その研究はいわば trial and error（試行錯誤）に近く，基板と半導体の任意の組み合わせに対し，どういう条件ならエピタキシャル成長がおこるかが分かるようになったとは思えないのである．実際の技術の現場では現状で十分かもしれないが，私のような技術に疎い人間は，普遍性のある説明がないと落ち着かない．

エピタキシーは物質全体に関係した現象で，過去にも半導体に限らない研究があったことも忘れないでいて欲しいものである．とくにミスフィット概念の復活は，棺桶から出てきたような亡霊に見えるのだが，半導体のエピタキシー成長の理解にはミスフィットが欠かせない要素になってきた．今の半導体と昔の金属とでは，基板との相互作用の違いで薄膜成長過程が異なり，エピタキシーの様相も異なるらしい．

60．金属と半導体のエピタキシーは別物？

単純化していうと，私を含めた旧世代の人間にとって，エピタキシーはNaClなど非極性あるいは中性の単結晶表面におけるヘテロ結晶成長現象で，関心はなぜ薄膜成長では木に竹を接ぐようなことが起こるのかであった．

それに対し現在活躍中の研究者達の研究の中心はGaAs単結晶基板などのダングリングボンドのある基板上でのエピタキシーにあり，エピタキシー発生の説明に，昔はなかった第1原理計算とかコンピューターシミュレーションとかが導入されるようになった．彼等にとってエピタキシーは，接木であって，木に竹を接ぐようなものではないらしい．薄膜形成プロセスのイメージは薄膜原子が基板上で移動して基板と相互作用をしながら結晶化することで，核生成から島への成長をあまり考慮していない扱いが多いように見える．

第1原理計算は，表面におけるポテンシャルのマッピングを与え，エネルギーが最小になる薄膜原子の配置を与えてくれる．そのように原子が配置されるのがエピタキシーだ，といわれると，そうかと思うと同時に待てよという気

になる．つまり，エネルギー最小ということがエピタキシー発生だとなると，エピタキシー発生が当たり前という結論になる．NaCl基板上の金属薄膜などを眺めてきた人間としては，それでは逆に，なぜ多結晶薄膜ができるのかを問いたくなる．多くの場合，常温で薄膜を形成すると，たとえ，ミスフィットの小さい金属の薄膜と基板の組み合わせでも，多結晶薄膜ができ易い．ここまで考えるとエピタキシー発生の理由を考えるより，むしろ多結晶薄膜形成の理由を考える方が重要ではないかという気になるのである．

　こんなことを旧人類の私がいうのは，昔，私が見た非極性単結晶基板上の金属薄膜形成のその場観察では，メゾスコピックな大きさ（10 nmサイズ）の島が成長しながら回転したり，並進したりして動き回り，最後に落ち着いて全体が単結晶に成長するのを見たからである．エピタキシー研究は，このような複雑な挙動の果てに，どうして単結晶ができるのかを明らかにすることだと思ってきた．昔の研究は，答えを出せなかったが，その点は現在の計算やシミュレーションでも十分とはいえないといわざるを得ないのである．

　島は，できたときは必ずしもすべての島の方位が揃っているわけではない．電顕によるその場観察で薄膜の形成過程をみると島にはいろいろの方位が含まれているが，蒸着によって島は大きくなると共に，温度によっては並進，回転などの運動をするものがある．最終的には運動で島の方位がみな揃うことがエピタキシー発生というのが私の理解である．

　エピタキシーのようなメゾスコピックな現象が関与する動的な過程に第1原理計算を適用するのは，林檎の落下運動をシュレーディンガー方程式で解くような気がしないでもない．

61. Reiss の餅焼網：エピランダム？

エピタキシー研究にはまだ古典的アプローチが適用可能ではなかろうか．島を剛体と考え，適当なポテンシャルを導入して，島の運動を考えることがあってもよさそうなことではないか．その方が，私の直感にマッチする．

私が今まで読んだエピタキシー関係の論文の中で，最近になって，これはと思うようになった論文は，今ではほとんど顧みられない

H.Reiss: J. Appl. Phys., **39** (1968) 5045

による島の並進，回転モデルである．

この論文が出た頃は，いろいろの論文に薄膜形成の初期過程の電顕によるその場観察が花盛りであった．特に国際会議などでその動画を見せられたときは，電顕そのものさえ手近になかった私など，ただ指をくわえ茫然と眺めていたものである．薄膜が核から島へと成長するにつれて，次第にはっきりした島が電顕の視野に現れてくる．その島の中には，定位置に固定されたまま，ただ大きくなっていくだけのものもある．しかし，成長と共に基板上で回転したり，水平運動をしたり，さらに大きくなるにつれて隣の島と，まるで水滴がくっ付くように合体するものなど，ダイナミックな動きをするものもかなりある．そして時間と共に島の持つ多様性が次第に整えられて，最後には同一方向に向いてしまう．

Reissはこのような状態を単純化した．基板と薄膜双方を格子定数の異なる2枚の2次元正方格子で表す．各格子点に原子を配置してその2枚を重ね合わせる．簡単に言えば，図63に示すように，メッシュの異なる2枚の餅焼網を重ねた状態を想像すればよい．

基板に相当する方の結晶面上でのポテンシャルの変化は辺に平行に格子点をピークとする正弦関数で近似し，その振幅をV_1とおく．そして薄膜面を，基板面に対して運動させたときのエネルギー変化を計算する．今風に言えば，擬ポテンシャルを用いた分子動力学的アプローチであろうか．より簡単化するため，並進運動は省略して，回転だけを考える．基板の格子のある点を原点として，図63に示すように薄膜の格子を面内で回転させる．そのとき両者間の相互作用による位置エネルギーは回転角θに対してどのように変化するかを計算

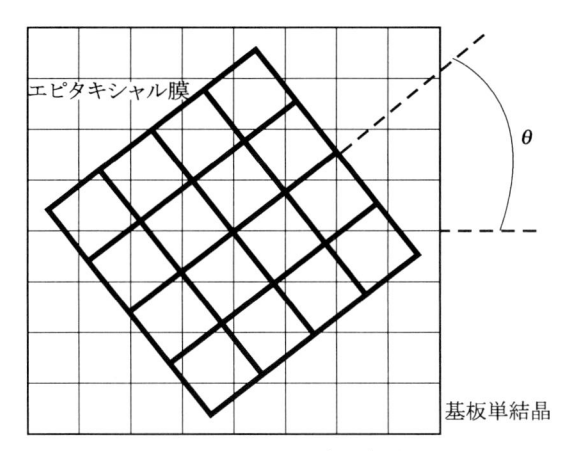

図63 Reissのエピタキシャル成長過程のモデル[15]．格子定数の異なる二つの結晶が接する境界面上で，ある点を軸にして相対的な角 θ の回転が起きたときの様子．格子点に原子を配置．LJ（Lennard-Jones）ポテンシャルを仮定．太線が薄膜の結晶，細線が基板結晶を示す．薄膜の結晶は基板結晶の上で回転できる．

する．原子数は，Reissの計算では回転する方の結晶を示す正方形の一辺あたりには20個程度で，総計400×2＝800個程度の原子のエネルギーの計算になる．Reissはコンピューターや実際の計算についてはなにも触れていないが，1960年代のコンピューターではかなりの計算量であったと思う．

　図64に示されたポテンシャル曲線は興味を引く．つまり，回転角 θ に対し，島のエネルギーは最小点以外にいくつかの極小点が存在するのである．そこでこのポテンシャルの山を乗り越えるのに必要なエネルギーのうち最大値に対応する温度をエピタキシー温度（Epitaxial Temperature）と考えれば納得がいく．さらに，いくつかの θ に対応する極小点は薄膜結晶の準安定位置だと考えると，温度が低いときにはエネルギー障壁を乗り越えられなくなり，その位置に留まる島が現れるはずで，それらは方位の異なる島になり，したがって多結晶が発生する．なかなか分かり易い話ではないか．この理論はエピタキシー発生の理解を目的としているようでいて，実際は私から見ると，多結晶薄膜形成の理論つまり薄膜結晶がランダムの方向に向くエピランダム理論？でもある点が面白い．もちろん，島の成長無視という大きな近似が入っているのであるから，

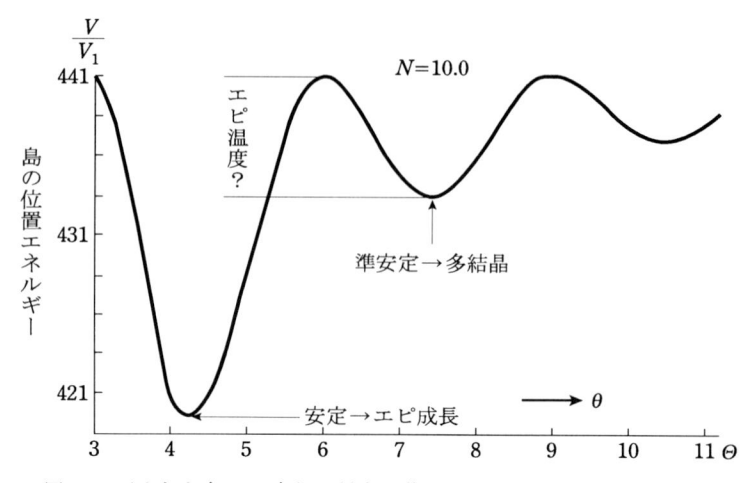

図64 図63で示された角 θ の変化に対する薄膜結晶の位置エネルギーの変化.
$\Theta = 2\pi N\theta$　N：薄膜原子数　　θ：薄膜の回転角（rad）
V_1：薄膜原子1個の基板に対するポテンシャルエネルギー
V：全薄膜原子の基板に対するポテンシャルエネルギー

これをそのまま鵜呑みにするわけにはいかないが，イメージは湧き易い．

半導体研究者からは，こんな餅焼網のような幼稚な理論はまさに画餅にすぎず，エピタキシーはそんな簡単な話ではないといわれそうだが，少なくとも昔のエピタキシーの理解には再登場してもらってよいモデルであると思う．

62. エピタキシー雑感

思うに，エピタキシーには2種類あって，昔のように薄膜原子と基板原子の相互作用が弱く，薄膜が吸着しても基板の状態があまり変化しない場合と，今の半導体薄膜のように基板原子との相互作用が強くて薄膜原子の吸着によってポテンシャルの状態が大きく変化してしまう場合があり，両者の取り扱いは変えたほうがよいように思われる．後者の場合はミスフィットが重要な役割を果たすので，同じルールで両者のエピタキシー発生の見通しをつけることは困難だと考えたほうがよいようだ．

それに，昔はエピタキシーといっても電子線の当たる範囲で単結晶のパター

ンが現れればエピタキシーが起こったと見なされた．理論的にも，極端な場合には数原子が整列すればエピタキシーが発生したことを示せたといわれた．半導体デバイスで要求される単結晶の大きさはずっと大きいと想像される．エピタキシーといっても同じサイズの単結晶を相手にしているとは限らないことを忘れてはいけない．

　最後に余談を一つ．20年ほど前に，van der Waals (vdW) epitaxy という現象が話題になったことがあった．当時，東大の小間 篤さんたちのグループが精力的な研究を行った．簡単にいえば薄膜と基板間の相互作用がvdWエネルギーで表される場合のエピタキシーである．例としてはGaSeの薄膜が，水素で終端されたSi基板上でエピタキシャル成長をおこす場合などがあげられる．薄膜基板間相互作用をvdW相互作用と見なしてエピタキシー発生に関する考察を行ったもので，なかなか面白い研究だと思っていた．残念ながら最近はあまり話題にならないが，半導体エピタキシーの満たすべきミスフィットの条件が大幅に緩和されるので，金属薄膜／非極性基板と半導体薄膜／半導体基板間のエピタキシーの取り扱いの違いを埋めてくれるのではないかとひそかな期待を持っている．

63．ファラデー登場

　薄膜作製の歴史は古く，紀元前のメソポタミア地方に遡るといわれる．ただ，昔はめっき（plating）や延伸（hammering, beating）など私の知識外にある作り方をしていたし，用途も広義の装飾や武器などに限られていた．

　近代科学と結びついた形で薄膜が作られるようになったのは19世紀になって，物理学者，化学者といえる人達が活躍し始めてからといってもよいであろう．12で薄膜研究の元祖はニュートンと書いたが，彼が用いた薄膜は空気の薄膜で，作るというより自然にできるものであった．以下は，自然科学者によって人工的にはっきり意図を持って作られた固体の薄膜の作製法事始とファラデーとの結びつきについての随想である．

　私のなじんでいる薄膜作製法は大きく，PVD（Physical Vapor Deposition）法とCVD（Chemical Vapor Deposition）法とに分けられる．CVD法は，多分産

業界でもっとも多用されている方法で，創始者にBunsenの名前が出てくることもあるが，私が試みたことのない方法なので，ここではパスさせてもらう．PVD法は蒸着法とスパッタリング法に大別されるが，スパッタリング法は後で66〜69で触れることにして，ここではさらに範囲を狭めて，蒸着法とファラデーとの関係を詮索する．

　蒸着法をだれが始めたかということはある程度知られており，一般にはファラデーが創始者ということになっているので，その内容を調べてみた．ふつうだったら，真空蒸着法と書きたいところだが，ファラデーの活躍した19世紀には本格的な真空技術がまだ始まったばかりで，薄膜作製技術と真空技術はほぼ同時スタートのように思えるので，あえて真空にこだわらないつもりで蒸着法と書き，薄膜材料を加熱で蒸発させて固体薄膜を作る方法とする．

　いくつかの薄膜テキストには，蒸着法の元祖としてファラデーの名が記載されている．たとえば，既出のH.Mayer, L.Holland, K.L.Chopraなど往年の薄膜関連の名著の著者たちが揃って（といっても実はルーツが一人いて，残りの人は孫引きをしているだけという可能性もないではないが）彼等の著書の中で，最初に蒸着法で薄膜を作製した人の論文として引用しているのが

　　　M.Faraday: Phil. Trans. Roy. So. London, **147** (1857) 145
　　　"Experimental Relations of Gold (and Other Metals) to Light"

という表題の論文である．表題から明らかなように金および他の金属と光との関係に関する実験的研究論文で，多くの昔の論文の例に漏れず長大で37頁になる．実験的といいながら，図面もグラフも表もないし数式もない．結果は定性的な表現で示されており，実験器具がどんなものか想像するより仕方がない．あまり読みやすい文章ではないが，当時確立されつつあった光のundulation theory（波動論）に触発され，光と物質の相互作用に強い関心を持ったと思われる．この論文を読むとファラデーは光の波動性は受け入れているようだが，ether particlesなどという言葉が出てくるところを見ると，光という波動の伝搬媒質としてエーテルの存在を信じていたと受け取れる．

64．ファラデーと beaten leaf

　この論文の大部分はgold-leaf（以下金箔と記す）など薄い金属の色に関する

ものである．当時一般に入手できる薄い金属を用いているが，記述によれば，その一つであるbeaten gold-leaf（ハンマーで叩き伸ばした金箔）は厚さ1/282000 inch（≒90 nm），一辺の長さが3 (3/8) inch（≒86 mm）の正方形，成分は金，銀，銅の比率が462：16：6で，想像するにこれが当時の金箔の標準だったらしい．この箔2000枚の重さは384 grains（=0.0249 kg : 1 grain=0.0648 g）だそうである．実はこの部分の原文は"2000 leaves 3 (3/8) ths of an inch square."となっていて，これが1辺86 mmの正方形の金箔2000枚を表すと思ってよいのか自信がないが，これに金の密度 19.3×10^3 kg/m^3 を入れて厚さを単純計算すると先にのべた90 nmになる．90 nmというのは金箔の厚さとしては1〜2桁薄すぎるようで2000枚という枚数が多すぎるとも思えるが，透過光がgreenに見えると書いてあるので大きくは違わないかもしれない．小さな穴はたくさん空いてはいるが，700倍の高倍率（very high powers）顕微鏡で見ると連続膜であったそうだ．

ちなみに，私がかつて60歳から70歳までの10年間を過ごした金沢市は日本の金箔生産の90％以上を占めている土地である．金箔博物館といわれる商業施設に見学に行くと，金のインゴットを，パイ生地を作るように特殊な紙を挟んでハンマーで叩いては延ばし，何回も折り曲げて金箔にする行程を実演して見せてくれる．100 mm角程度の金箔ができるが，その厚さは推定500 nm程度で，厚さむらのため，透過光が緑に見えるところも見えないところもあり，ぽつぽつと小さな穴が開いているのが肉眼で見える．昭和になって放火で焼失し，後に再建された京都の鹿苑寺金閣の羽目板にはこの金箔が膠で貼り付けられていると聞いている．

ファラデーはこの金箔でいろいろ面白いことをやっている．たとえば，少々乱暴に見えるのだが，ガスバーナーで加熱（annealと記しているが）すると，透過光の緑色が見えなくなり，箔自体が無くなったように見える．しかしそれに瑪瑙（agate）の尖ったところを押し付ける（subjected to pressure）とまた緑色が復活すると報告している．なぜ薄膜を瑪瑙で押し付けることなどを考えたのかわからないが，薄膜の凹凸を減らそうとしたのかもしれない．

延伸でできた金箔や他の金属の光学測定実験結果の話はこの論文の主題であるが，この随想で今述べたいことではないので，作製法に話を移そう．

65. Deflagration？？

　表題のこの言葉，ご存知だろうか．手元の英和中辞典には載っていないし，Oxford Advaced Learner's Dictionary にもない．かろうじて，理化学辞典の索引を見て，detonation の項の中に発見した．反応化学の研究者には珍しい言葉ではないかも知れないが，浅学菲才の身には新鮮である．私同様にご存じない方のために日本語訳を示すと detonation は爆ごう（ごうの漢字は轟か？），deflagration は爆燃となる．訳されても分からなさは変わらない方のために，さらに解説（といってもただの孫引きだが）をすると，両方とも爆発の状態を表す専門用語で，爆ごうは爆発で生じる火炎の面が音速より速く伝搬する場合，爆燃は音速より遅く伝搬する場合である．

　ファラデーの論文の gold-leaf の話を読んでいるうちに節が変わって，突然，その deflagration という言葉がでてきて慌てた．節の冒頭，主語が "Gold wire deflagrated by explosion of a Leyden battery…" となっていてさらに参った．直訳すると "ライデン電池の爆発により爆燃された金線" となる．私のように不勉強だった人間はライデン瓶（Leyden jar）というコンデンサーはなんとか覚えているが，ライデンバッテリーは聞いたことがない．ましてその explosion などといわれても，何がどこでおこっているのか見当がつかない．そこで battery を jar で置き換え，explosion は放電で置き換えて，勝手に "ライデン瓶内電気の放電による金線爆燃" とすると，昔は馴染み深かったヒューズがとぶ現象が思い浮かぶ．近頃はブレーカーが落ちるから，昔のようにヒューズが閃光を発して消滅するシーンは見られなくなった．（これを見たことのある世代は何歳以上までだろうか．）ともかく，ライデン瓶に電気を貯めておいて，金線でショートすると金線に大電流が瞬間的に流れて高温になり，溶けて蒸発するというイメージが湧く．ファラデーはガラス，岩塩その他の基板面の上で金線の爆燃を起こしたらしい（もっとも，金線の消滅が爆ごうでなく，爆燃だという証拠があるようには見えないが）．金線が基板の上に直接置かれていたか，離れた所に置かれていたかは書かれていないが，離れた所とは書かれていないので，直接置かれていたのであろう．金線が置かれたと思われる基板の周辺にできたものに対して，ファラデーは thin film という言葉は使っていない．

deposits consist of particlesというような表現で粒子状の付着物ができたといっているだけである．thin filmという言葉は少し後に出てくるphosphorus（燐光性物質）の液体の還元でできた金のdepositsに使われている．図65に金線を爆燃させたときの様子を想像して描いてみた．

　実は院生だった時代，ファラデーのことは知らずに，半分いたずらでヒューズはどのようにとぶのかが見たくて，それを眼前でとばしたことがある．ガラス板の上に市販の細いヒューズ（多分，主成分は鉛：電気店に売っていた）を置き，大電流を流して見た．すると本当に付着物という以外表現のしようがないものがガラス基板の上にできた．電圧のかけ方がゆっくりだったせいか，ヒューズのごく一部が切れてその部分が蒸発したので，付着物の付いた箇所はかなり小面積だったと思う．とても何かの測定対象になるような試料ではなかったので，それ以上はなにもしなかったことを思い出した．

　ファラデーは金線があったところの近くは粒子がたくさん付着するが，遠くなると一様で，高倍率の顕微鏡でも一様に見えるようになったと書いてある．ファラデーは金属の透過光の示す色や光の波動性に伴う偏光など金属と光の関係を調べた．金属を薄くするのは光を透過し易くするために使っただけで，薄膜という特異な物体に関心を示しているようには見えない．ただ，蒸着は「蒸発の蒸」と「付着の着」の合成語だと解釈すれば確かに蒸着を行ったといえる．金線の"爆燃"が彼のオリジナルかどうかはわからないが，引用文献がない所をみるとそれに近いといえるであろう．率直に言えば，いまの感覚では，この方法は制御性があまりに悪く，できた試料の一様性，再現性が悪すぎて薄膜研

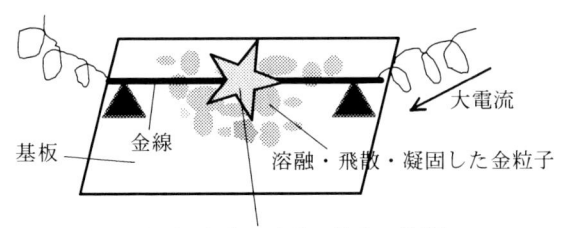

図65 金線爆燃の想像図．ファラデーは描く気がしなかったのか，図を残していない．やむを得ず，筆者が自分の経験を交えて想像してみた．

究用として意味のあるデータを提供できるほどではない．ただ，ファラデーのように実験が大好きで本当に楽しんで研究を行った巨人の，いたずらに近い試みに敬意を表して，蒸着法の創始者はファラデーという記述に賛意を表することにしておく．

　「真空」誌の編集委員長の道園真一郎さんにこの本のもととなった随想執筆を依頼されたとき，私の昔の研究の中に今の研究の参考になることがあるかもしれないからというようなことを言われたが，私の書き連ねてきた半世紀前の知識や経験は，あまり今の研究者の役に立たないことであろうとは自覚している．まして私より150年近く前に生まれたファラデーの実験方法や実験器具が現代の研究者にとって，直接には役に立たないのは当然であろう．しかし，注意深い自然観察から興味深い現象を次々と見つけ出し，それを面白いと感じながら創意工夫で追及して行くファラデーの姿勢こそ現代の研究者に学んで欲しいことなのである．

66．スパッタリング雑感：エネルギー？　運動量？

　今やPVD法の旗頭になってきたともいえるスパッタリング法について昔語りをしてみたい．

　Sputterを手元の英和中辞典（研究社）で引くと，「ぶつぶついう」，「つばを飛ばしながら口を動かす」，etc．と出ている．Oxford Advanced Learner's Dictionaryでは"to make a series of quiet explosive sounds,"つまり"連続した静かな爆発音をたてること"となっている．パチパチというような音をさせるということだろうか．無理に今の若者風に訳すと「パチる」とでもなるのかもしれないが品がない．薄膜に関連して使われる場合は高速粒子衝突による固体表面からの原子放出現象にたいして使われる．薄膜の研究者には衝撃蒸発と訳した人もいたらしいが普及せず，結局スパッターあるいは動名詞のスパッタリング（sputtering）が日本語として定着した．

　B.N.Chapman著 岡本幸雄訳「プラズマプロセシングの基礎」（1988年，電気書院）は，名著の一つに数えられており，私も随分参考にさせてもらった．その第6章の冒頭に，「"sputter"という語は1958年初期に英語に用いられ，"…」

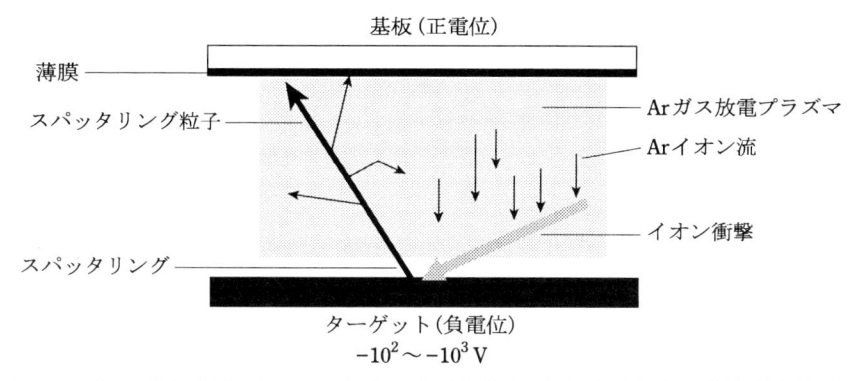

図66 グロー放電を用いたスパッタリングの原理図.薄膜のもとになる放電電極（負電極）を正イオンの標的という意味でスパッタリングではターゲットと呼ぶ.

とあるが，私は確か1900年の初めのころの論文でこの語を見たことがあり，日常語として定着したのは別にして，20世紀初頭には用いられていた言葉のようである.

　今の薄膜研究者でスパッタリング法を知らない人はほとんどいないのではないかと思うが，私が大学の助手に就職したての頃はスパッタリング法は名前を聞いたことがあるという程度で，産業界での薄膜作製法の主流は真空蒸着法で，干渉フィルター，反射防止膜が多く作られ，エレクトロニクスへの応用は始まったばかりであった.1970年代半ば以降マグネトロンスパッタリング法の普及とともにその利用面だけは急速に発展し，IT産業関連部品作製の基盤技術の一つになったといっても過言でない.詳しいメカニズムなど分からなくても，使えるものは使えるという好例である.しかし，産業界でスパッタリング機構の解明が格段に進んだとは思えない.学生に講義などしてきたものとしては，筋道の通った定量的なプロセスの説明が欲しいとは思った.

　少し時代が遡るが，私が1964〜65年の間，ケース工科大学にいた時，指導者のホフマン教授が，固体が気化する（原子間の相互作用がなくなる）現象には2種類があり，蒸発といわれる現象はエネルギー交換過程，スパッタリング現象は運動量交換過程だと説明してくれた.そのときはなんとなく格好よい分類と思って聞いていたのだが，よく考えるにつれてエネルギーと運動量がそん

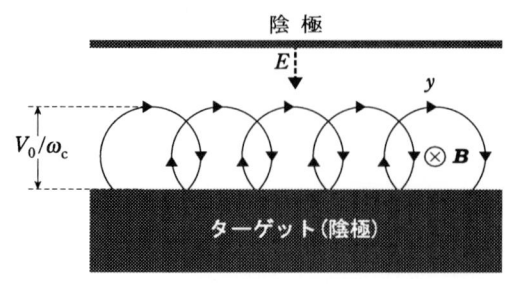

ローレンツ力によるサイクロイド運動の発生

図67 ターゲット面に水平方向に磁場がかかったときの電子の運動の軌跡. 電子はローレンツ力による回転運動でターゲット近くに拘束され, 実効的に長距離運動をすることになり, ターゲット付近のガス分子との衝突頻度が増えて, 低圧力でも効率よくイオン化できる.

MFC : mass flow controller (流量制御装置)
TMP : ターボ分子ポンプ　DP : ドライポンプ

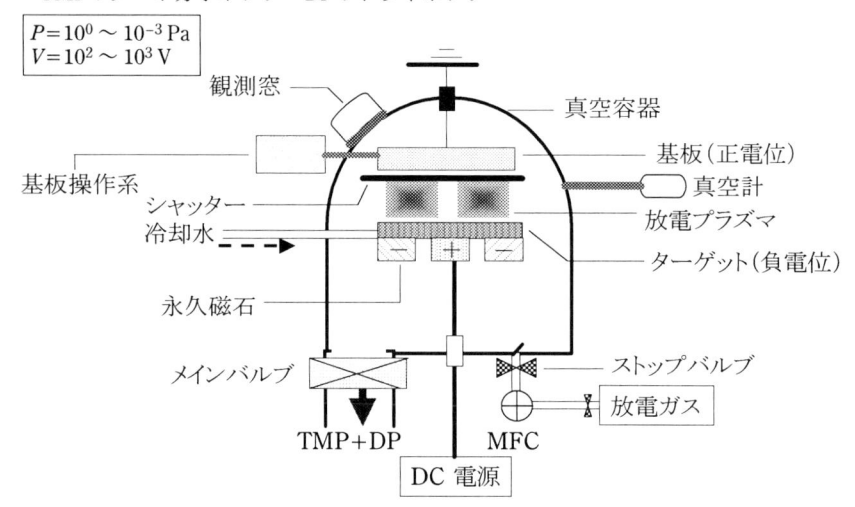

$P=10^0 \sim 10^{-3}$ Pa
$V=10^2 \sim 10^3$ V

図68 現在もっとも普及しているプレーナー型直流マグネトロンスパッタリング装置の説明図. 平板の陽極 (＝基板支持台) と平板の陰極 (＝ターゲット) が平行におかれ, 陰極裏面の磁石が陰極面に平行に近い磁場を作りだす.

な簡単に分離できるものだろうかと納得のいかない気がしてきたのを覚えている.

ホフマンの説明を聞いたときは，英語であったせいもあり，特にエネルギー交換とは何と何が交換するのかよく理解できなかった．しかしよく考えると，蒸発は物体の表面原子と内部の原子との間の<u>熱</u>エネルギーの<u>移動</u>のことに過ぎない．熱という言葉が使えるということは，蒸発は温度と蒸気圧というマクロ的物理量で表現できるということである．

　粒子間の衝突は，とくにHe^+のような軽イオンがMeV程度の高エネルギーを持って金属，半導体などの比較的重い元素に衝突する場合に詳しく検討されてきた．この場合には，ラザフォード後方散乱に代表されるように，イオンによるターゲット原子の電子励起が起こり，それによるエネルギー損失が発生してイオンのエネルギーが減る．

　スパッタリングの場合は，衝突するイオンもAr^+のように比較的重く，エネルギーはkeVかそれ以下である場合がほとんどである．この条件では，電子励起はほとんど発生せず，衝突の際のイオンとターゲット原子の間の相互作用は両者の間のクーロン反発力だけで，ターゲット原子が結晶の格子点からはじき飛ばされ，イオンの運動エネルギー損失だけが生じる．このような衝突は，内部励起がないので，二つの粒子間の完全弾性衝突で近似できる．

　質点の力学で考えてみると，高校の教科書にもあるように，等質量の二つの質点の完全弾性衝突では，一方が静止していれば，エネルギーも運動量も衝突で全部移動してしまうのだから，エネルギー交換と運動量交換が同時に起こっているのであって，一方が静止していなくても運動量とエネルギーのどちらかだけが交換されるわけではない．だから，エネルギーだの運動量だのを使った恰好の好い説明より「蒸発」は温度に依存するマクロ的熱平衡状態での気化現象，「スパッタリング」は粒子同士の弾き飛ばしによるミクロ的，非平衡的な（0 K でも起こりうる）気化現象とでもいってくれたほうがわかりやすい．私は今でも，全くの初心者である学部学生などにはこのように説明している．

　要するにスパッタリングは高速粒子を物体に当てるとそれが物体表面の原子，分子を弾き飛ばして空間に放出する現象である．弾き飛ばされる原子およびその原子で構成されている物体を，高速粒子の標的という意味でターゲットと書いてきたが，これも日本語として定着した．

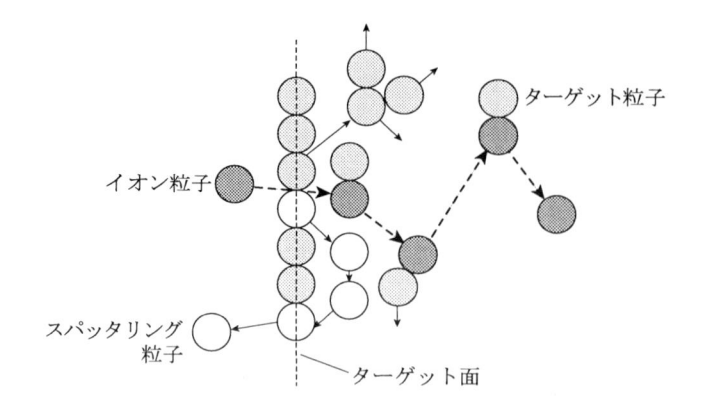

図69 二つの原子同士の衝突で，運動量とエネルギーの交換伝達が行われる様子．この単純な過程が基板表面で発生してスパッタリング現象がおこる．

　スパッタリングがどのような過程を経て発生するかの理論的研究は，私が関わっていたころは最終的にBoltzmannの拡散方程式に基礎をおくSigmundの定常線形カスケード理論で終わったように思う．簡単にいえばスパッタリングを一種の拡散と捉える理論である．ただ，この理論によってスパッタリング過程が明確になったという気がしない．以後はコンピューターの発達とともにシミュレーションによる解析に移行しているようだ．私はスパッタリングの理論は，ターゲット物質，入射イオンのエネルギーと種類が決まれば，スパッタリング率とスパッタリングされた粒子のエネルギー分布がわかるという理論であってほしいと思うが，これはどのくらい達成されているのか，実用の陰に隠れて見えないようなので，現役の研究者にお聞きしたいと考えている．

67. スパッタリングの元祖に少しばかり疑問

　前でのべたが，蒸着はファラデーが意図して試みた方法であった．しかし，スパッタリングはどうやら偶然に見つけられ，しかも，当初は大して注目されなかった現象のようである．

　スパッタリングに関する入門書を読むと，何冊かに，スパッタリングは1852年にGroveにより発見されたと記されている．根拠となる発表文献は

W.R.Grove: Phil.Trans.Roy.Soc., **142** (1852) 87
である．論文題目は

"On the Electro-Chemical Polarity of Gases"

で，その下に書いてある著者名のあとに，Esq., M.A., F.R.S. と書いてある．閣下？（Esquire.），学術修士？（M.A.=Master of Arts と解釈），王立協会フェロー？（F.R.S.）など，えらそうな肩書きが並んでいて，著者の Grove がかなりの大物であったことが伺える．調べてみると，著者の William Robert Grove（1811～1896：以下グローブと標記）は，もともとは裁判所の判事であったが，趣味が嵩じて今の分類で言えば電気化学者といえる人になったらしい．電池に関する論文がいくつかあり，グローブ電池といわれる電池を作った．

さて，上記の論文を読むと，これがスパッタリングの元祖の論文？と少し疑いたくなる．装置は確かに真空放電用になっている．この当時は装置などを示す図面も，原理図というより，実体的な絵を描いたようになっていて描くのに苦労しただろうと同情する．その図面を手書きで簡略化して描いてみると，図70 に示すようになる．

真空容器（receiver と書いてある）の中に針状の電極とそれに対向して板状の銀メッキした銅板電極がおかれている．この研究の一つの目的は，それまで知られていた二つの針状電極間に直流電圧をかけてアーク放電させると，陽極だけが白熱する現象の原因を調べることにあったらしい．グローブは電気化学者であるので，それは酸素のような負に帯電しやすい分子が陽極に集まり，そこで酸化して反応熱を発生させるという立場をとっている．

さて，実験では主に気体として，空気に水素をいろいろの割合で混ぜてみたり，板状電極の物質の種類を変えたりして放電を行わせている．その電極にかける高電圧は，誘導コイルで発生させている．板状電極の方を陽極にすると，針電極の真下の部分に掲載された手書きの図面上では直径5 mmほどの同心円状のスポット模様ができる．この模様は，電極間距離や電極の正負などの放電条件を変えると変わる．グローブはそれらのスポットは何かの（おそらく板電極物質の）酸化物と初めから決めつけている．問題はその時の真空で，装置の排気はair-pumpでしたと書いてあり，実体図から想像すると，弁を使った手押

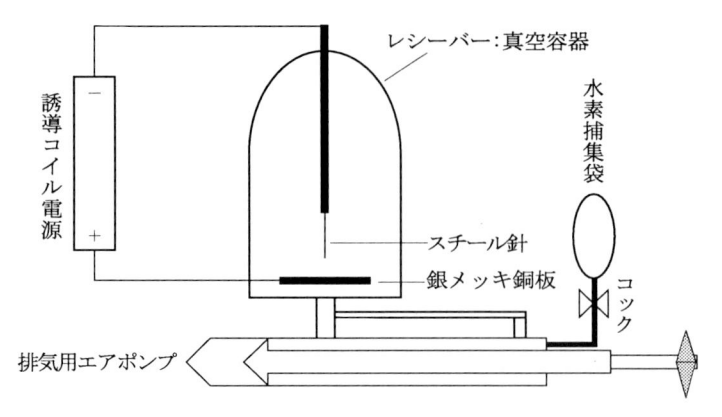

図70 グローブが放電させた装置の図．排気は手動のようだ．放電は発生しているが，これがスパッタリングを起こさせた装置かどうか論文を読んだだけでははっきりしない．

しポンプと思われる．圧力はbarometer（気圧計）で測って，0.5～0.75インチ（水銀柱），つまり10^3Pa程度である．この圧力では放電はアーク放電になり，グロー放電が起きていたとは思えない．板電極上のスポットは，陰極である針電極の物質の酸化物かもしれないが，陰電極からアーク蒸発で出てきた原子の酸化物であって，陰電極でスパッタリング現象が生じたとはいえないような気がする．

68. もう一つの論文

　私と同様，上にあげた論文をスパッタリングの事始めとするのは妥当でないとして，同じ著者であるGroveが1年後に書いた論文を，論文としてのスパッタリングの元祖にあげる人もいる．
　　　　R.Behrisch ed.: Topics in Applied Physics, vol.47 (1981)
　　　　"Sputtering by Particle Bombardment I"
というSeries本の中で，Behrischは自ら執筆した第1章で
　　　　W.R.Grove: Phil.Mag., **5** (1853) 203
　　　　"On Some Anomalous Cases of Electrical Decomposition"
がスパッタリング観察の初めだとした．多少疑いを持ちながら読んでみると，

案の定，どこにスパッタリングの芽があるかさっぱりわからない．

　この論文は要するに水の電気分解に関する研究報告なのである．水に二つの電極を入れてその間に直流電圧をかけて電極で発生する気体の状態を調べる記述ばかりで，初めはいらいらさせられた．ただ，読み進むうちに，1か所，スパッタリング関連と思われる実験に行き当たった．図面が全くないので，装置は想像するしかないが，試験管に白金線電極と白金板電極を設置して水を一杯に入れる．それをそのまま一旦沸騰（boil）させた水の入った真空容器に入れて逆さに立て真空ポンプで引くらしい（boilさせる理由は水に溶けた空気を追い出すためか？）．図71に装置の想像図を描いてみた．

　そうすると，試験管の中の水位が下がって上部に（トリチェリ真空と同じ）空間ができる．そこで誘導コイルで発生させた高電圧をかけると，その空間の中で放電がおこる．この実験を毎日5時間，1週間行ったと書いてあるが，それにどんな意味があるのかよく分からない．そのあと，試験管内壁をみると，dark pulverulent deposit（黒っぽい粉状の付着物）が付いていることが分かった．Groveはその物質は白金酸化物以外に考えられないとしている．試験管上部の空間の圧力は前論文の10^3 Paよりは低いだろうとは思うが，どの程度か分

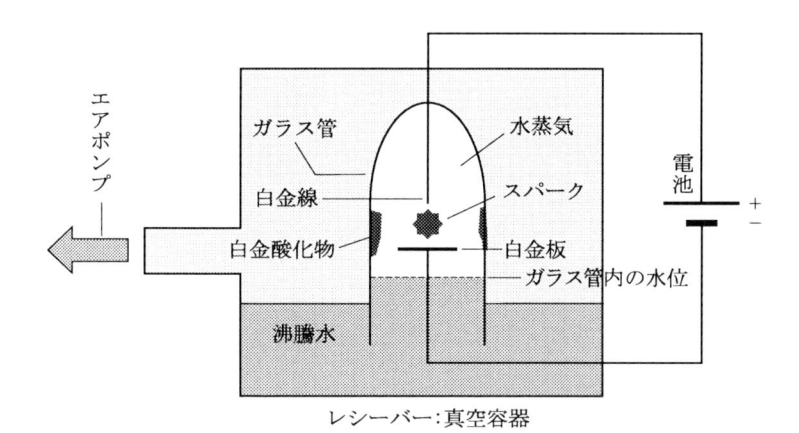

図71　グローブの行ったスパッタリング現象発見に使われたといわれるもう一つの実験装置の想像図．論文では，水蒸気の中で放電を行わせたように読み取れるが，圧力などは不明である．

からない．放電ガスも主に水蒸気だろうと推定されるだけですべては曖昧模糊としているが，グロー放電か何かの放電が発生しスパッタリングが起きている可能性は否定できない．そういう意味で，スパッタリングの元祖はGroveで，発見は1853年という意見に，もろ手とはいかないが，片手ぐらいはあげて賛成しておこうと思う．

　実験結果の評価はなしにして，おそらくまだ電気が普及しておらず，手押しで真空ポンプを動かした時代であったことを考えると，研究者たちの探究心の旺盛さには驚きを感じるとともに，自分の手で工夫を重ねながらいろいろの実験を行った研究者たちは十分に楽しんだことだろうと羨ましくなる．

　物事の始まりというものはこんなことから始まることもあるということを，蒸着とともにスパッタリングの源流をたどっていくうちに強く実感した．まさに大河の濫觴で，自然観察では意外なことが何かの萌芽になるものである．

69．アルゴンさまさま

　小中高の時代，よく先生から空気や水の有難さを思い，感謝しろと言われたことを思い出す．水の方は1年に一度くらいは感謝の念をもって飲んだことがあったような気がするが，空気に感謝した覚えがない．水の方は多分1日位なくてもなんとか生きていけそうだが，空気は1分絶たれたら死んでしまう．空気は吸って吐くのに忙しくて感謝などしている暇がないのである．

　ところで，スパッタリング関係者はアルゴンに感謝しているだろうか．1気圧のアルゴンの入った容器に頭を突っ込んで吸いこんだら窒息して，脳障害や知能障害を起こすぞ，などと知ったかぶりの先輩に脅されたこともあったが，私は幸いそんな目にあっていないし，私を含めてスパッタリング関係者に生まれつき頭の悪い人はいても，アルゴンで障害を起こした人がいるとは聞いていない．

　スパッタリングの機構や応用について記述したテキストは数多くある．それらはこの現象を具体的に実現しているのはほとんどがアルゴンガスの放電であることに触れてはいるが，アルゴンの有難みを説いている記述に遭遇したことがない．その意味ではスパッタリングテキストの著者達は，はなはだ恩知らず

である（実は，私もかつてはその一人であった）．スパッタリングの利用者にとってアルゴンは丁度ふつうの人間生活における空気や水に相当するほど重要で，ありふれた物質なのである．

　アルゴンは原子番号18, 原子量39.9≒40の稀ガスで，空気中の体積含有率は0.9％と窒素，酸素に次いで多い（水を除く）．沸点は−186℃で，酸素の−183℃, 窒素の−196℃の中間である．つまり，地上での存在量が多く，沸点が酸素，窒素の中間であるため，それらのガスを作るときに一緒に作ることができ，安価に手に入れられる．不活性であるから他の原子と化合物を作らない．しかも原子量が適当で，ヘリウムやネオンに比べ，多くの実用材料の原子との衝突の際のエネルギー伝達の効率がよいので，スパッタリング率を大きくできる．性能としては，クリプトンの方がよい場合もあるが，値段が破格に安いことを考えると，アルゴンはまさに神様からの贈り物として，感謝するべきものなのである．

　アルゴンがなかったら，スパッタリングによる薄膜作製が簡単にはできず，したがって，IC作製にもディスプレイ作製にも大幅な悪影響を及ぼすことは間違いない．それを考えると，1年に一度くらいは関係者が集まってアルゴン祭でも行い，アルゴンボンベにお神酒をささげるべきだと思うが，自分では実行せずにだれかがやってくれるのを待っている．

70. ついでにグロー放電 "様"

　自分の無知をさらけ出すことになるが，スパッタリングに用いるグロー放電やプラズマを勉強していると頻繁に現れる陰極暗部（Cathode dark space）とイオンシース (Ion sheath) という二つの概念について，教えを乞いたいと思っている．要するにこの二つの違いがわからないのである．

　スパッタリングに関わりを持って来た人間として，よくお世話になった現象の一つは放電現象である．私にとっては特にグロー放電はアルゴンと同様に"様"が一つだけでは足りないくらいありがたい現象である．

　スパッタリングは高速粒子を固体表面に衝突させれば原理的にはいつでも起こる．しかし実際にはその高速粒子として，グロー放電で発生した正イオンを用いることが多い．ただ，放電現象のテキストでグロー放電の定義を調べる

と，電流―電圧特性で，ある特性が表れるところとされていて，物理的な意味がいまだによくつかめない．

そこで勝手にグロー放電とは 10^2 ～ 10^{-2} Pa 程度の真空で起こる冷陰極放電であると大雑把に理解してきた．しかし，スパッタリング薄膜作製には前述のように現在は磁場を導入したマグネトロン放電が多く使われている．これも真空，冷陰極放電ではある．これをグロー放電といってはたぶん間違いなのだろうが，後述の重要な概念であるプラズマとイオンシースの生成などで共通していることもあるので，その他の方法も含めてスパッタリングで使われる放電を，アーク放電と区別するためにグロー放電といわせてもらうことにする．この放電でできた正イオンは放電管内の電場で加速され陰極に衝突して陰極表面の原子を放電空間中に弾き出す．

弾きだされた原子は陰極近くにおかれた基板（場合により陽極）に付着して陰極物質からなる薄膜を作りだす．なお多くのテキストや論文では，陰極から原子が飛び出す現象と，その飛び出した原子が基板に到達して薄膜を形成する現象をひとつにまとめてスパッタリングと称している．グロー放電を用いたスパッタリングは，高速イオンビームを用いる場合に比べ，機器のコスト，操作性，薄膜の生産性では優位であるが，プラズマが関与するため，現象の複雑さが増して，スパッタリング過程の解析はそれだけ複雑になる．

71．6を2に…

実を言うと，私より一世代前の研究者には，放電に関して，広い常識を持っていた方々が多かったと思う．今の薄膜の研究者の講演を聞いたり論文を読んだりすると，放電によって作られるプラズマのことはよく勉強しているが，彼らの知識は，私が学部学生の時に本多先生（お名前が出てこなくて申し訳ない）の「応用電気学」で習った放電の発生から扱う放電現象論とは少し違いがある．たとえば，グロー放電には，正規グローと異常グローとがあり，われわれはもっぱら異常グローを使っているというようなことは，ほとんど今の薄膜研究者は意識していないか，知らないかのどちらかである．

私の恩師である故蓮沼 宏先生などは，分光学の専門家で，放電は専門外で

あるにもかかわらず，放電に関しては私よりずっと深い知識を持っておられた．修士の院生時代，私の唯一の放電経験は，再三述べてきた真空装置につけられた真空モニター用のガイスラー管の放電発光観察であった．

　いまでは放射線（X線）被爆の恐れで使われなくなったが，当時は真空装置に不可欠の真空計であった．私はその放電の発光現象の放電気体の圧力による変化を面白がって見ていただけで，測定の対象とは思いもしなかった．しかし蓮沼先生から陰極付近の発光をよく見ろ，陰極近くには発光していない部分がある，あの部分は陰極から出て加速された2次電子が中性原子にまだ衝突していない領域で，あの厚さは電子の平均自由行程に相当するといわれた．それならその厚さで，ガイスラー管でも真空の大雑把な定量測定ができると思い，実際，目測で1Pa前後の圧力の見当をつけたものである．

　直流放電を電気工学の本で調べると，特に陰極付近の放電の様子はかなり複雑で，細かくいうと陰極表面から順にアストン暗部，陰極グロー，陰極暗部（クルックス暗部），負グロー，ファラデー暗部，陽光柱と，少なくとも計6個の暗部と発光部が交互に繰り返されている．このときの放電状態を図72の上図に，放電管内部の電位分布を下図に示しておいた．

　余談だが，その陽光柱をラングミュアが初めてプラズマと名付けたといわれる．この言葉が最初に出てきた文献は，以下のプラズマ振動に関する論文，

　　I.Langmuir: Proc. Nat. Acad. Sci., **14** (1928) 627

とされている．この論文で該当すると思われる部分を実際に見ると，"We shall use the name *Plasma* to this region containing balanced charges of ions and electrons."（われわれはイオンと電子を等量含むこの領域に対してプラズマという名前を使うことにしよう）と名付け親にしては多少素っ気ない表現になっている．この文章の2行ほど上には，"…there are sheaths containing few electrons…"（…電子をほとんど含まないシースがある…）という文章があり，もしかすると，シース（鞘）という言葉もこの論文が使い始めかもしれない．

　以下では陽光柱といわずにプラズマ領域と言わせてもらう．

　グロー放電の複雑な構造がなぜ，どのようにして発生するのかについて納得のいく説明がなされたテキストに行き当らなかった．この観察には，それ相応

①②③④　⑤

陰極　　　　　　　　　　　　　　陽極

シース　プラズマ領域

電
位

放電管内の対応位置

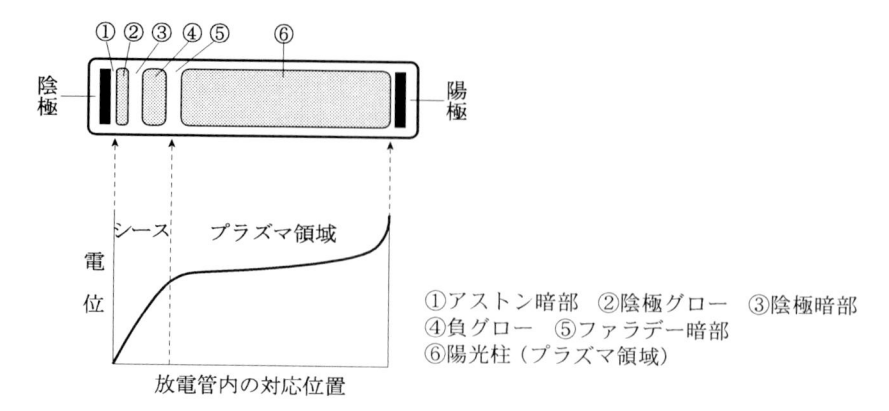

①アストン暗部　②陰極グロー　③陰極暗部
④負グロー　⑤ファラデー暗部
⑥陽光柱（プラズマ領域）

図72　上は放電（この場合は直流放電）中の放電管を眺めた時の発光を示す図面，というより俗にいうポンチ絵．下に放電管内の電位分布を示してある．放電状態の複雑さの割に電位の変化は単調だが，実際にそうなのか電位測定の難しさにともなう精度不足の結果なのかはよく分からない．

のきちんとした装置が必要で，私は上の6個に分かれた構造を詳しく観察したことがない．ガイスラー管には高電圧がかかっており，あまり近くでの微細な発光状態の観察には無理があった．またスパッタリング装置内の放電発光観察では観測窓が小さい上に装置内部の構造物に邪魔されて，放電発光の全容が観察しにくい．

　私が一応認識できたのは，陰極の近くの狭い部分に発光していない，ないしは発光の弱い箇所があることと，そのあとに陽極まで続く光り輝く領域とがあることだけで，前にあげた6個の構造を，陰極暗部とプラズマ領域の二つにまとめてしまう大雑把な理解で満足することにした．今のスパッタリング研究者もおおむねこの二つを認識することで満足しているようだ．6を2にするのは乱暴なようだが，放電管内部の電位分布曲線をテキストで見ると，図72の下図に示すように，陰極近傍の発光の複雑さの割に，変化は単純である．陽極のごく近傍の電位降下を除くと，陽極近くから始まる陰極方向に向かうプラズマ領域内の緩やかな直線的な減少と，陰極近くのほぼ陰極暗部内の急激な減少を示す二つの曲線からなっているように見える．

72. 同じ暗闇でもアプローチが…

　スパッタリングとプラズマとの関係に少し関心を持つようになった時に戸惑ったのは，プラズマの専門家からいきなり，陰極前面にはイオンシースという正イオンだけの狭い層ができていて，その中の電場でイオンが加速され陰極にぶつかる，とこともなげに言われたことであった．

　イオンシースの一言で，スパッタリングは高速粒子が陽極から加速されながら飛んできて，陰極に当たってその原子をたたき出す現象という簡単なイメージが吹き飛んだ．まるで山奥の水源を発して中禅寺湖に一旦貯まった水が，華厳の滝で加速されて，滝壺へ一気に落下するようなイメージで正イオンの陰極への照射をとらえなくてはならなくなった．シースの存在そのものも私を悩ませたが，戸惑いのもう一つの原因は，それまで見てきた陰極暗部とイオンシースは，場所は似たところにあるのだが，登場の仕方が違うので，同じものなのか違うのかがよく分からなくなったことである．

　陰極暗部という暗闇はおもに陰極から出る二次電子の平均自由行程と原子励起に関係する．一方，シースは鞘という意味が示すように，陰極の周りを囲む暗い領域であるが，これはむしろプラズマ領域で作られたイオンの流れに関係する．ほぼ同じ場所のことをいうのにアプローチが違う．そうなると，陰極暗部とイオンシースが全く同じなのか少しは違うのかが気になる．

73. ホップ・ステップ・ジャンプ

　シースの形成はボーム条件（Bohm sheath criterion）できまるとされる．ボーム条件とは，陰極近傍にシースというイオンリッチの層ができるために，プラズマ領域とイオンシースの境界の領域で，正イオンの陰極方向に向かう速度が満たすべき条件である．この境界の近傍を遷移領域と名付けているテキストもある．この境界において正イオンが陰極に向かうドリフト速度をu_0，正イオンの質量をm_i，電子温度をT_eとする．途中の計算を省略すると，陰極前面にシースというイオンリッチな層ができるためには，シースの始まりで

$$u_0 > \left(\frac{kT_e}{m_i}\right)^{\frac{1}{2}} \tag{1}$$

したがって，イオンのドリフト（運動）エネルギーが

$$\frac{m_i u_0^2}{2} > \frac{kT_e}{2} \tag{2}$$

でなくてはならないというのがボーム条件である．簡単にいえばイオンは電子の熱エネルギー（$kT_e/2 \sim 1\,\mathrm{eV}$）を上回るドリフトエネルギーを持たなくてはいけないということである．

　プラズマ領域内では正イオンの熱エネルギーは電子に比べて小さいので，省略されてしまう場合が多い．しかし正イオンは静止しているわけではない．熱エネルギーは無視できても，イオン電流という形で，あるドリフト速度を持って陰極に向かっているはずである．ドリフトに関する記述が多くのスパッタリング関連テキストに欠けているように思える．そこできわめて初歩的な計算でプラズマ領域中の正イオンのドリフト速度u_dを見積もってみる．
プラズマ領域の中で電荷の蓄積が起きない定常状態では電流密度iは，

$$i = neu_d \tag{3}$$

　　(n：イオン密度)

で表される．気体圧力を10 Pa，イオン化率を10^{-3}としてnを求めると，

$$n \fallingdotseq 3 \times 10^{18}\,\text{個}/\mathrm{m}^3$$

になる．正イオンの電荷を$e = 1.6 \times 10^{-19}\,\mathrm{C}$，ターゲットにおける電流密度$i$をわれわれの実測例から$5\,\mathrm{A/m^2}$として，(3)から$u_d$を計算してみると，

$$u_d \fallingdotseq 10\,\mathrm{m/s}$$

になる．プラズマ領域中での正イオンの陰極方向に向かうドリフト速度は家庭用金属配線中の電子のドリフト速度にくらべれば3～4桁大きいことになる．
　ところで，(2)式右辺の電子の熱エネルギーは実験的にほぼ$1\,\mathrm{eV} \sim 1.6 \times 10^{-19}\,\mathrm{J}$であることが知られている．たとえば正イオンがアルゴンだとする．(1)で$m_i = 6.5 \times 10^{-26}\,\mathrm{kg}$（アルゴン原子の質量），$kT_e = 1.6 \times 10^{-19}\,\mathrm{J}$とおけば，ボーム条件は

$$u_0 > 2 \times 10^3\,\mathrm{m/s}$$

となる．ということは，正イオンは一様で定常的なプラズマ領域内部で$10\,\mathrm{m/s}$の速度を持つが，陰極に近づくと$2 \times 10^3\,\mathrm{m/s}$まで2桁ほど加速されるというこ

とになる．

　シースの陽極側から陰極までの電位降下は，ふつう 100 V 程度の桁である．すなわち，$1.6×10^{-19}$ C × 100 V = $1.6×10^{-17}$ J のポテンシャルエネルギーを運動エネルギーに変換できる．このエネルギーからアルゴンのドリフト速度を求めると，ほぼ $2×10^4$ m/s になる．

　したがって，グロー放電管内では陽極側から出発したアルゴンイオンは陰極に向かって，3段跳びのようにホップ・ステップ・ジャンプの3段階で，およそ

　　　10 m/s → 10^3 m/s → 10^4 m/s

と加速されながら陰極に衝突するということになるが，このイメージは幼稚すぎるだろうか．

74．シースはなぜ暗いのか

　シースの形成をきちんと理解するには，イオンのドリフト運動を理解しないといけないような気がする．そのためには，正イオンが電場からどの程度の力を受けるのかを知る必要がある．そうするとプラズマ領域内での電子と正イオンの生成機構，密度分布の詳細が必要になる．加えて陽極表面を覆っているはずの電子シースの影響もおそらく重要であろう．文献やテキストではよく分からないので，これから先は自分で考えなくてはならないのだろうか．いささかしんどい．

　冒頭述べた陰極暗部とイオンシースの違いという自問自答に戻る．シースすなわち鞘という名称は，もともとは陰極を暗く囲んでいるところという視覚できめられた場所の名前なのだから，陰極暗部と同じはずである．しかし，イオンシースはボーム条件を満たす個所周辺から始まるという立場からは，明暗とは無関係である．正イオンの速度と発光している励起原子密度との関係が明らかでないと，どこから始まるのかを決められない．実はそれをはっきりさせてもおそらく，それがどうしたと言われそうで専門家に聞くのをためらっている．

　最近のプラズマ関係の研究者の関心が，プラズマの電磁気的振舞いに集まり，励起発光プロセスへの関心が薄いような気がするが，放電の輝きは，素人にとってはきわめて魅力的なものであることだけは伝えておきたい．

75. 宇宙人？ 出現

　私の世代は計算方法の激変をまともに受けた世代である．国民学校（今の小学校）では，九九を暗誦させられた後，四則演算の計算で算盤を習った．もちろんそれがデジタル計算機だなどとは考えたこともなかった．旧制中学で対数を習った後に竹でできたヘンミの計算尺というものを買わされ，掛け算が足し算になる不思議を味わったが，これが算盤とは違うアナログ計算機だとは思いもしなかった．大学に入ってタイガー計算機を使った．地球物理学の泰斗であった故坪井忠二先生から，計算機の据え付け方まで教えてもらった．四則演算の計算には確かに便利であったが，音がうるさかった．大学から大学院にかけて，四則演算ができる，今のパソコンくらいの大きさの卓上計算機が飛躍的に普及し，さらに関数電卓が普及するとともに小型化が進んだ．その辺までは私も世の中の最後尾にヨチヨチながらついていたような気がする．そして大型計算機とパソコンの出現とともに世の中から急速に取り残されることになった．

　大学に勤めて自分の居室にいるようになり，学生たちとの交流が減ると，IT事情に疎くなり，彼等の計算能力があっという間に私などどう頑張っても追いつかないくらいの速さで向上してしまったことに気が付いた．物理を専攻しているはずの彼等がどうしてあんなにコンピューターに習熟できるのかミステリーに思える．

　研究室で遭遇したコンピューター通は多いし，すべての学生みんなが私から見れば通に思えたが，特に際立って見えたのが松田七美男さん（現東京電機大学教授）である．当時の感じから言えば，世間離れした宇宙人のようなところ

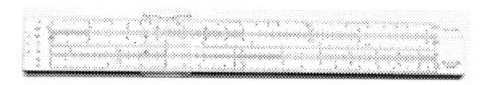

計算尺（アナログ計算機？）

算盤（デジタル計算機？）

図73　アナログ計算機とデジタル計算機

があった．実験をこつこつやり，薄膜の内部摩擦など力学的性質を調べていた．そのうち蒸着で作られたカーボン薄膜が示した強い圧縮性の内部応力に関心を集めてきた．そして図 74 に示されたように，その圧縮応力のため，薄膜が基板上でバックリング（buckling）を起こして皺のように持ち上がる現象を仔細に調べ始めた．この機械工学でいう座屈現象は，フックの法則しか習ったことのなかった私にとって現象そのものがミステリーであった．松田さんは皺を上から見たり，断面の写真を撮ってみたりしながら皺の形を決め，皺にたまった弾性エネルギーを計算して，それを付着エネルギーの変換とみなし，そこから，薄膜の基板に対する付着エネルギーを求めた．

　皺の形は複雑で，数値計算以外解析は無理だと思っていたが，その数値計算も当時の計算機の性能から見るとかなり面倒であったはずである．しかし，松田さんにとっては，あまり面倒なことでもなかったらしく，さほど苦労したように見えなかった．この結果は

　　N.Matuda, S.Baba and A.Kinbara: Thin Solid Films, **81** (1981) 301

に発表されている．薄膜のバックリングの研究例は少ない．さらに付着をエネルギー的に考察した例もほとんどなく，意外に反響があり，薄膜の付着の評価に役立った．彼は，今はむしろ真空科学との関わりが強く，分子流のコンダクタンス計算などで能力を発揮しているが，日本真空学会事務局の IT 化にも貢献したと聞いている．それも十分にありうることだろうと想像している．

　もう一人の宇宙人は，現在「真空」誌の編集副委員長をしている中野武雄さん（現成蹊大学理工学部）である．彼は私の東大における最後の院生であったから，松田さんよりはずっと若く，その分，知識も手法も進んでいたと思う．私は，モンテカルロだのシミュレーションだのと言われると，当時は多少のいかがわしさを感じていたものだが，研究室で初めて本格的なシミュレーション技法で LaB_6 ターゲットからのスパッタリング原子の飛跡を追いかけた．実験，計算対象に質量の大きく異なる二つの物質からなる化合物を選んだことも幸いしたと思うが，驚くほど直観とも実験とも整合性のよい結果を出してくれた．彼の宇宙人振りは松田さん以上であるが，物理を忘れていないおかげで私でも理解できる成果を挙げている．

170

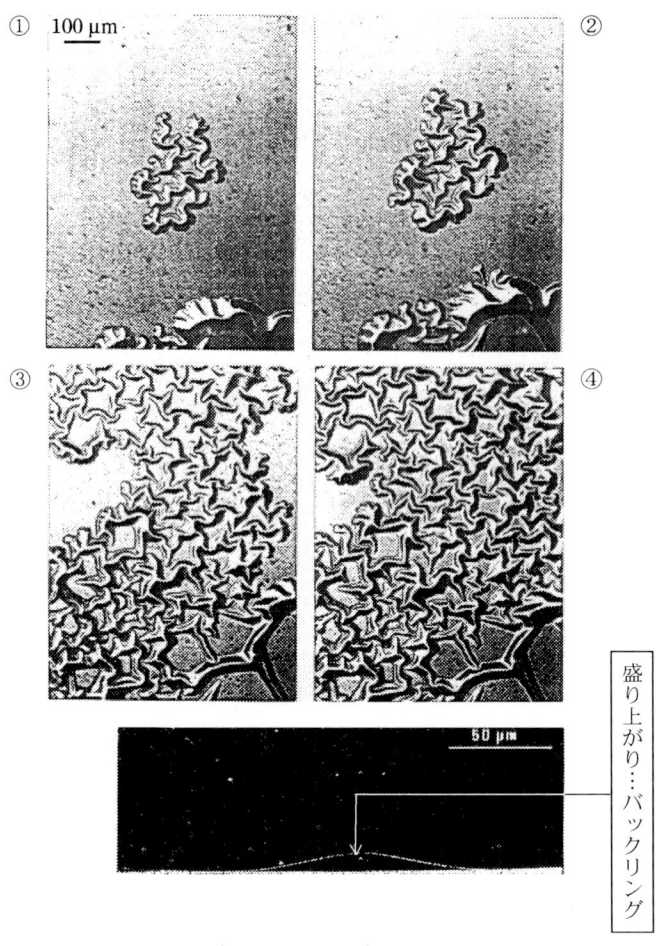

図74 炭素薄膜の皺の平面写真[16] と断面写真[17]. ①→④ までの平面写真は時間の経過とともに皺のある領域が拡大して行く有様を示す. 蒸着終了後の経過時間は, ① 2h, ② 4h, ③ 10h, ④ 12h. 断面写真の方は, 一見面白くもない写真だが, 実際にこのようなきれいな山型を撮るのは大変で, 非常に多く試みた後にやっと撮れた貴重な1枚なのである.
(①〜④: A.Kinbara, S.Baba, N.Matuda and K.Takamisawa: "Mechanical properties of and cracks and wrinkles in vacuum-deposited MgF$_2$, carbon and boron coatings" Thin Solid Films, **84** (1981) 205, with permission from Elsevier (Dec. 28, 2012))
(盛り上がり: N.Matuda, S.Baba and A.Kinbara: "Internal stress, Young's modulus and adhesion energy of carbon films on glass substrates" Thin Solid Films, **81** (1981) 301, with permission from Elsevier (Dec. 29, 2012))

彼らは,仕事はよくできるし,研究成果を物理の言葉で書いているのがうれしい.よく見ると二人とも地球人とは少し違う顔をしているように見えて面白い.

76. 近頃の若いもの

　私が若い頃は多くの若者が恩師,先輩にあたる方々から,生活習慣から研究の仕方全般にわたって,かなり頻繁に「近頃の若いものは」という枕詞で始まる,非難がましい批判や,さらには悪口雑言,罵詈讒謗を浴びせられたものである.反発もしたが,とにかく昔の人はいろいろのことをよく知っていて,私は学ぶことも多かった.

　大学院で一通り専門の基礎を詰め込まれれば一人前のはずである.しかし私自身に関していえば,半人前どころか,1/10人前にもならなかったような気がする.大学院を終わってからの方が学んだことがはるかに多い.それは系統的なものではなく,場当たり的なもので,多くは教室でなく,現場で"老"の付きそうな先生や先輩から仕入れたといえるものであったが,蓄積されると膨大で有用であった.だから,年寄りに対しては反発しながらも少なからず敬意を払ってきた.しかし,自分が年寄りになった今,後輩や若手に教えることが少なくなってきた.

　その最大の理由は,自分の浅学非才は棚にあげることにして,集積回路,もとをたどせばトランジスターの発明にあると思っている.これらの発明のおかげでコンピューターが普及し,IT革命がおこり,指数関数的に急速な情報伝達,情報量の拡大が起こった.その結果,年寄りの知識が急速に陳腐化し,若者たちに教えるどころか,若者から教えてもらわなければならないことが膨大になり,先にあげた松田さんや中野さんの時からすでにそうだったが,年寄り,若者の地位が逆転してしまったのである.火打ち石で火をおこすに類するような技術を若い人に伝える必要はなくなり,特別な好事家を除けば古い知識の習得に興味を示すものが少なく,それがなくても大して困らないという世の中が到来した.

　パソコンの普及と共に私もヨチヨチしながら何とかメールを送ったり原稿を書いたり講演用のスライドを作ったりすることぐらいはしているが,一旦トラ

ブルが発生すると完全にお手上げである．そのときマニュアルを見たり，メーカーに聞いたりすることはない．見たり聞いたりしても説明にある専門用語の意味が良く分からないからである．その場合，近くにいる「近頃の若いもの」に聞くと，たちどころに解決してくれる．今，もっとも近くにいて世話になっている「近頃の若いもの」は「真空」の編集委員である東大の松本益明さんで，電子投稿の仕方をはじめ，もろもろを松本さんに教えてもらった．パソコンのトラブルに関しても松本さんにおんぶだっこである．世話になるばかりで，私の方からお返しできる知識の持ち合わせなどないに等しい．「近頃の若いもの」の持っている情報処理の速さにも感心する．物理現象とか物性定数とかを聞いてみると私の顔も見ずに，さっとパソコンや携帯電話を眺めて教えてくれる．どこか知らない土地で場所探しをするときも，すぐにGPSで現在位置と目標地点を見つけ出す．だから私は，昔の先輩たちと異なり，まれに若者に「近頃の…」の枕詞をつけることはあっても，「スゲエ」と驚嘆するときである．

　ただ，あえていやみを言わせてもらうと，彼らの知識はパソコンという筆筒の引き出しの中にあって，必ずしも彼らの頭の中にあるとは言えない気がすることがある．そしてあらゆる仕事に共通するコツといわれるものは，たぶんパソコンでは探せず，老のつく先輩に聞く方が早い．そういうコツに類する技術の伝承が年寄りの存在理由のように思える．

　　　－：少しのことにも，先達はあらまほしき事なり．：－：吉田兼好：

77．大きな誤解：年寄りの活用法

　会合で，若い礼儀正しい司会者などが年寄りに何かの発言を求める時，「大所高所からのご意見を」というようなおだて方をすることがよくある．若い人は年寄りは大局的見地を持っているはずと思い込んでいるふしがある．これは大きな誤解である．

　知っておいて欲しいことは，年寄りは年をとるほど枝葉末節が気になるということである．だから，論文原稿の校正でミスを見つけるのはうまいが，序論と結論との整合が取れていないことに気がつかなかったりする．老眼になると，肉体的視野も，精神的視野もともに狭くなる．年寄りの大所高所的意見な

ど，実は手前味噌にすぎず，あまり参考にしない方がよい．むしろ，年寄りの枝葉末節へのこだわりの方が珍重に値する．それが先に述べたコツというものである．ガラス基板上極薄膜の蒸着面判定法，ガラス管の曲げ方，真空フランジのボルトの締め方等々，本でもインターネットでも見つけにくいことを知っているのが年寄りである．年寄りの自画自賛を我慢すれば，彼らの枝葉末節談義こそが面白い．それらをただ集めればがらくたの山かもしれないが，うまく選別して整理すれば宝の山にもなりうる．日本真空学会がこの真空・薄膜技術に関する宝の山を作る役割を果たすことにかすかな期待を持つ．

78. 老兵は死なず…
 －：こころより我にはたらく仕事あれ
　　それを仕遂げて死なむと思ふ：－：石川啄木：

　若いころは一生の間に少なくとも一つ，後世に残るような仕事をしたいものだと思っていたが，"仕遂げる"ことが容易ではないと悟ったのは，定年を迎えるころで，手遅れになってからである．啄木は本気で"…仕遂げて死なむ…"などと思ったのだろうか．

　急に話が飛ぶようだが，私が知っている古今東西の有名人の数は多くない．とくにアメリカ人となると，すぐに浮かぶ名前は，ワシントン，リンカーン，エジソンくらいである．アインシュタインは何国人というべきかよくわからない．ショックレイやファインマンとなると，有名人というには一般性に乏しい．そんな中で私にとって忘れがたい名前の一つがマッカーサーである．

　若い人達にとって，この名前は遠い歴史上の人物か，まったく聞いたこともない名前になりつつあるかもしれないが，私の中学・高校時代，日本の実質的な支配者であったので，強く印象に残っている．彼は，1945年日本がアメリカとの戦争で敗北した後，日本に進駐してきた占領軍の最高司令官である．

　色々の毀誉褒貶はあるが，私から見て"毀"，"貶"に当たる行為は，日本人にとって至宝と言える仁科芳雄，菊地正士などの大先達が苦労の末に作り上げた，理研，阪大，京大のサイクロトロンを，占領軍として着任するや否や原爆

製造に関係しているという理由で破壊したことである．東京大空襲や広島，長崎の原爆投下など不必要な殺戮にも彼の関与があるはずだが，彼が戦時下の軍人であったことを考えると，彼一人の仕業というわけにはいかない．しかし，戦争終結後に，残存すれば歴史的文化遺産になったかもしれない仁科のサイクロトロンを破壊した行為はどうあっても許しがたいように思えるのである．

そういう彼の言行を取り上げるのにためらいはあるが，有名なのがいくつか浮かんでくる．日米開戦当時フィリピンにいて，日本軍に追われオーストラリアに逃亡する時の捨て台詞"I shall return"，日本占領時代，アメリカの議会で日本人に関する感想を聞かれた時の"日本人は12歳"など今でも覚えている．そして，朝鮮戦争で中国空爆を主張して大統領のトルーマンから最高司令官を解任され，日本からの帰国後の米議会聴聞会で最後に述べた科白，

"Old soldiers never die ; they just fade away"
（老兵は死なず，消えゆくのみ）

がもっともよく知られている．

一時は大統領候補に擬せられたこともあったくらいだから，政治的野心もあったのだろうが，その希望を断たれ，このような心境になったのであろう．大きな仕事を成し遂げ，満足しながらこの世を去るのは選ばれた人たちで，大した成果もあげずに平均寿命に到達しかかった私のような人間の，人生の終わり方を示す言葉としては，啄木の"仕遂げて死なむと思ふ"よりマッカーサーの"消えゆくのみ"の方がずっと受け入れやすい．

図75　老兵は死なず，消えゆくのみ

文献

1) 金原 粲："真空・薄膜徒然草1"真空, **53** (2010) 424
2) 村上志郎, 馬場 茂, 金原 粲："Ar ガス中で蒸着された銀薄膜の電顕観察"真空, **25** (1982) 238
3) A.Kinbara and K.Ueki: "Hall Coefficient in vacuum-deposited copper films" Thin Solid Films, **12** (1972) 63
4) M.Nishiura and A.Kinbara: "Resistance change in discontinuous gold films" Thin Solid Films, **24** (1974) 79
5) 金原 粲："真空・薄膜徒然草3"真空, **53** (2010) 504
6) 菅原秀明, 長野豊和, 金原 粲："金蒸着膜の熱膨張"真空, **17** (1971) 260
7) M.Nishiura, S.Yoshida and A.Kinbara:"The strain effect on the electrical conduction in discontinuous gold films" Thin Solid Films, **15** (1973)
8) A.Kinbara and S.Baba : "Internal stress and Young's modulus of TiC coatings" Thin Solid Films, **107** (1983) 359
9) 金原 粲："蒸着薄膜の膜厚測定法（II）"真空, **11** (1968) 407
10) P.A.Steinmann and H.E.Hinterman: "Adhesion of TiC and Ti (C, N) coatings on steel" J.Vac. Sci. Technol., **A3** (1985) 2394
11) 堀内次男, 山口十六夫, 金原 粲："金蒸着膜のガラス基板への付着強度"真空, **11** (1968) 285
12) 金原 粲："真空・薄膜徒然草10"真空, **54** (2011) 330
13) S.Baba, H.Sugawara and A.Kinbara: "Electrical resistivity of thin bismuth films" Thin Solid Films, **31** (1976) 329
14) 金原 粲："真空・薄膜徒然草11"真空, **54** (2011) 398
15) H.Reiss: "Rotation and translation of islands in the growth of heteroepitaxial films" J.Appl. Phys., **39** (1968) 5045
16) A.Kinbara, S.Baba, N.Matuda and K.Takamisawa: "Mechanical properties of and cracks and wrinkles in vacuum-deposited MgF_2, carbon and boron coatings" Thin Solid Films, **84** (1981) 205
17) N.Matuda, S.Baba and A.Kinbara:"Internal stress, Young's modulus and adhesion energy of carbon films on glass substrates" Thin Solid Films, **81**(1981) 301

薄膜関連研究年表

前3世紀～後16世紀　装飾の時代（貴族．武器，宗教）
17～19世紀　自然観察の時代（近代科学への貢献）
20～21世紀　応用と基礎研究の時代（光学素子から電磁気素子へ．そして集積回路）

前3～2世紀　金めっき法（ホーヤットラップア電池：バグダット電池使用？）
前2～1世紀　湿式めっき法（前漢時代）
5世紀　中国からめっき法伝来
596年　飛鳥寺（元興寺）大仏の金めっき
755年　東大寺（盧舎那仏像，蓮台，蓮弁，蓮実のめっき：金146 kg使用）
1397年　鹿苑寺金閣壁面の装飾金箔
1593年　前田利家　加賀職人に金箔作製を指示
1643年　水銀柱を用いた真空の作製：E.Torricelli and V.Viviani
1650年　空気ポンプの発明：O.von Guericke
1665年　雲母の色（干渉色）の観察（Micrograpia）：R.Hooke
1672年　薄膜の色に関するニュートンとフックの論争
1703年　真空中の水銀蒸気の放電発光実験：F.Hauksbee
1704年　ニュートンリングの観察：I.Newton
1799年　ヴォルタの電堆：A.Volta
1800年　電解めっき法による銅薄膜の析出：Nicholson
1802年　光の干渉による薄膜の色：T.Young
1832年　光学薄膜の多重反射計算：G.B.Airy
1836年　方位成長（ヘテロエピタキシー）観察：M.L.Frankenheim
1846年　気体拡散の実験：T.Graham
1853年　水蒸気中での放電と管壁への薄膜付着現象（Sputtering？）の発見：W.R.Grove
1857年　空気中での金線爆発（爆燃）による基板への蒸着現象の観察：M. Faraday
　　　　真空放電管の開発：H.Geissler
1858年　スパッタリング現象の観察：J.Plucker
1860年　気体分子の速度分布関数の提唱：J.C.Maxwell
1874年　点接触型整流現象の発見：F.Braun

1877 年　スパッタリング現象の薄膜作製への応用：A.W.Wright
1878 年　白熱電球の発明：J.Swan
1880 年　熱分解によるカーボン薄膜の作製：W.E.Sawyer and A.Man
1887 年　抵抗線の直接加熱蒸発による薄膜作製：R.Nahrwolt
　　　　薄膜の光学的性質の理論的扱い：W.Voigt
　　　　薄膜の反射防止効果の観察：Lord Rayleigh
1890 年　CVD 法による Ni 薄膜作製：L. Mond, C.Langer and F.Quincke
1897 年　電子の発見：J.J.Thomson
1908 年　油回転ポンプの発明：W.Gaede
1909 年　薄膜の内部応力の計算公式：G.G.Stoney
1912 年　初めての真空蒸着：R.Pohl and P.Pringsheim
1913 年　水銀拡散ポンプの発明：W.Gaede
1917 年　単分子吸着膜の作製：I.Langmuir
1925 年　薄膜のマクロ的な核生成理論：M.Volmer and A.Weber
1928 年　エピタキシーの命名：L.Royer
1930 年代中頃：Hammering で作る金箔（紳士用品頭文字）の代替え品として
　　　　真空蒸着金薄膜の製造が始まる．
　　　　包装用アルミニウム箔として需要拡大（真空蒸着アルミニウム膜が主役）
　　　　大面積・フレキシブル基板用 Roll Coating（巻き取り式）始まる．
1933 年　擬似的構造（Pseudomorphism）の提唱：G.I.Finch and A.G.Quarrell
1933 年　高周波スパッタリング法の絶縁物への適用：
　　　　J.K.Robertson and C.W.Clapp
1933 年　反応性スパッタリング法による化合物薄膜の作製：Overbeck
1934 年　薄膜の反射防止効果の指摘：G.Bauer
1935 年　単分子累積膜の作製：K.Blodgett
　　　　分溜型油拡散ポンプの発明：K.C.Hickman
　　　　テープテストによる薄膜の付着評価：J.Strong
1936 年　Ag/NaCl ヘテロエピタキシーの観察：L.Bruck
　　　　マグネトロンスパッタリング法の発明：F.M.Penning
1936 年　真空蒸着の有用性の提言：J.Strong
1938 年　薄膜の電気伝導理論：K.Fuchs
　　　　単層上核生成モード理論：I.N.Stranski and L.Krastanow

1939年 電界効果型トランジスターの発明：O.Neil
1940年代 大面積（MgO,etc.）コーティング
1942年 メタンプラズマ蒸着ポリメチレン合成：L.M.Yeddanapalli
1948年 点接触型トランジスタ作用の発見：W.H.Brattain,J.Bardeen
　　　 接合型トランジスタ特許出願：W.Shockley
　　　 アルミニウム薄膜を蒸着したパロマー山天文台の反射鏡作製：J.Strong
1949年 単層膜成長理論：F.C.Frank and J.H.van der Merwe
1950年 薄膜成長のその場観察：R.S.Sennett,T.A.McLauchlan and G.D.Scottl
　　　 非晶質Seの光伝導の観察：P.K.Weiner
　　　 スクラッチテストによる薄膜の付着評価：O.S.Heavens
1951年 Kink,step,terrace上結晶成長理論：W.K.Burton,N.Cabrera and F.C.Frank
　　　 2次元自発磁化理論：M.J.Klein and R.S.Smith
1954年 In_2O_3透明導電膜の作製：G.Ruprecht
1955年 ネール磁壁の理論：L.Néel
　　　 半導体超薄膜中の電子物性異常理論：J.R.Schrieffer
1956年 ダイアモンド薄膜の気相合成：B.V.Spitsyn and B.V.Derjaguin
1959年 水晶振動子型膜厚計の発明：G.Sauerbrey
　　　 固体回路の開発：J.S.Kilby
　　　 シリコンプレーナトランジスタ開発（SiO_2酸化膜）：J.A.Hoerni
1960年代 建築用ガラス窓、熱線反射ガラスなど大面積ガラスの需要拡大
1960年 MOSトランジスタ特許：D.Kahng and M.M.Atalla
　　　 光学用多層薄膜のコンピューター計算：J.A.Berning and P.H.Berning
1961年 シリコンプレーナトランジスタ開発（monolithic IC）：R.W.Noyce
　　　 超伝導体接合の測定：I.Giaever and K.Megerle
1962年 ジョセフソン効果素子：B.D.Josephson
　　　 島状膜の電気伝導（クーロンブロッケイドの先駆）：C.A.Neugebauer
　　　 ミクロ的薄膜生成理論：D.Walton
1963年 float process開発と大面積ガラス板の作製：L.A.B.Pilkington
1964年 MOS・ICの発表：TI社
　　　 イオンプレーティング法の開発：D.M.Mattox
1965年 PLD（パルスレーザーデポジション）法の開発：H.M.Smith and A.F.Turner
　　　 グロー放電非晶質Si作製：H.F.Sterling and R.C.G.Swann

1965 年　光学薄膜のコンピューターによる自動設計：J.A.Dobrowolski
1968 年　MOS・LSI 試作・生産開始：TI 社
　　　　in-line 電子ビーム真空蒸着（120×140in）Al, Cr（大面積ガラス）
1969 年　プラズマ CVD 法による Si 薄膜作製：R.C. Chittick et al.
　　　　分子線エピタキシー（MBE）法の開発：J.R.Arthur and J.J.Lepore
　　　　薄膜の柱状構造観察：B.A.Movchan and A.V.Demichishin
1970 年　batch 式 2 極直流スパッタリング装置（大面積ガラス）：Leybolt 社
　　　　一元超格子構造の作製：L.Esaki and R.Tsu
1975 年　垂直磁化膜作製：S.Iwasaki
　　　　量子井戸レーザーの開発：J.P.van der Ziel et al.
1976 年　非晶質 Si 太陽電池の作製：D.E.Carlson and C.R.Wronski
1979 年　プレーナーマグネトロンスパッタリング装置：J.S.Chapin
　　　　垂直磁気記録方式の開発試作：S.Iwasaki
1980 年　単原子層エピタキシー（ALE）法の開発：T.Suntra et al.
　　　　高電子移動度トランジスター（HEMT）の開発：T.Mimura, S.Hiyamizu, et al.
1982 年　ダイアモンド薄膜の作製：S.Matumoto et al.
　　　　量子ドット構造の作製：Y.Arakawa and H.Sakaki
1986 年　青色 LED 開発：I.Akasaki and H.Amano
　　　　非平衡スパッタリング法（UBS）の開発：B.Window and N.Savvdes
1988 年　Fe/Cr 人工格子の巨大磁気抵抗効果（GMR）の発見：M.N.Babich, A.Fert, et al.
　　　　ECR 法の開発：C.Takahashi, S.Matuo, et al.
1989 年　変性エピタキシー法の開発：M.Copel, et al.
1990 年　単原子操作：D.M.Eigler and E.K.Schweizer
1991 年　カーボンナノチューブの作製：S.Iijima
1995 年　トンネル磁気抵抗効果：T.Miyazaki
1996 年　パルス・ツイン・スパッタリング法（アーク解決）：S.Shiller

　真空に関連した事項は，辻 泰，齊藤芳男著「真空技術 発展の途を探る」（アグネ技術センター刊，2008 年）の巻末の付表 1 に詳しい。

索　引

五十音順

ア行

圧縮応力	43, 169
圧力	3, 6, 9
圧力計	9
アニール	18
アリストテレス	113
アルゴン	160
イオンシース（Ion sheath）	161, 165, 167
石川啄木	173
陰極暗部（Cathode dark space）	161, 167
ヴィヴィアーニ	112
上田良二	140
運動量交換	153, 155
エジソン	131
エネルギー交換	153, 155
エピタキシー	38, 139, 140, 141, 146
エピタキシー温度	145
エピランダム	144
遠心力法（Centrifugal Force Test）	86, 87
応力の発生原因	53
小川四郎	140
置き接ぎ	53
温度制限電流	136

カ行

ガイスラー管	32, 163
角形ポテンシャル	30
核生成・成長	58
ガラス研磨	51
ガラス細工	52
ガラス洗浄法	36
ガリレオ	113
気体分子数密度	7
ギブスエネルギー	126
吸盤	10, 11
鏡面反射係数	17
金属薄膜の電気抵抗	15
金箔	148, 149
空間電荷制限電流	132, 135, 137
汲み上げポンプ	11
繰り返し反射干渉法	74
グロー放電	153, 161, 162
グロー放電プラズマ	8
クーロンブロッケイド	24
ケース・ウエスタン・リザーブ大学	39
ケース工科大学	38
ゲーデ	131
「光学」	48, 49, 116
格子定数測定	51
呼気法	36
固体薄膜	25
コロジオン	28
コロジオン膜	28

サ行

サイズ効果	18
座屈	89
座屈現象	169
産業革命	10
サンドミルスキー理論	98, 100
シース	134, 163
自己保持薄膜	28
自然哲学における数学的原理	115
島状薄膜の電気抵抗	20, 23
島状膜	20
集積回路作製技術	11
常温核融合	90
蒸気機関	10

索　引

蒸発源	34
触針型膜厚計	68
真応力	46
真空	2, 9
真空技術	11
真空技術教育	12
真空蒸着	12
真空蒸着装置	32
真空の規格	2
真空放電	133
水銀マノメーター	6
水晶振動子法	72
水晶振動子膜厚計	71, 73
スコッチテープテスト	78
スティーブンソン	11
ステップ・フロー	58
スパッタリング	152, 156
清浄度判定法	36
剪断応力	89

タ行

ダイアフラムゲージ	6
第1原理計算	142
多重反射干渉法	74
単層成長	58
単層上核生成	58
チャイルド	131, 132, 133
柱状構造（Colummar Structure）	92
定常線形カスケード理論	156
デカルト	113
テープテスト	86
電子伝導過程	22
電離真空計	9
統計現象	82
富永五郎	3
トムソン	129, 131, 133
トリチェリ	112
トンネル過程	22, 24
トンネル効果	29

ナ行

内部応力	43
内部応力の異方性	95
斜め蒸着	95
斜め蒸着効果	94
ニュートン	48, 115
ニュートンリング（Newton ring）	43, 48, 95
熱応力	46
熱活性過程	22, 24

ハ行

破壊現象	82
爆ごう	150
爆燃	150
薄膜	12
薄膜作製技術	11
薄膜の擬似構造	94
薄膜の磁気抵抗効果	19
薄膜の弾性率	55
薄膜の電気伝導度	17
薄膜の内部摩擦	55, 169
薄膜の熱膨張	25
薄膜の付着測定	82
薄膜の付着応力測定器	83
薄膜の物性	12
剥離	79
剥離測定	82
パスカル	112, 113
蓮沼　宏	12, 13
バックリング（buckling）	89, 169
パルスレーザー蒸着法	35
反射防止条件	70
歪み係数	31
歪み効果	21
引っ掻き法（Scratch Test）	79, 80
引っ張り応力	43
引っ張り法	81
表（界）面ギブスエネルギー	127
表面粗さ計	67
表面エネルギー	128

182　　　　　　　　　　　　　索　　引

表面自己拡散	25
表面自由エネルギー	26,47,128
表面張力	123,124,128
表面抵抗	15
表面伝導	22
ファラデー	121,131,147,148
付着	78
フック	48,118
プラズマ	163
ブリスター法（Blister Test）	86,87
プレーナー型マグネトロンスパッタリング装置	154
平均面	67
ベルジャー	32
偏光解析法	104
ボイル・シャルルの法則	5
ボトムアップ	66
ボーム条件	165
ホール係数	18

マ行

マイクロバランス	72
膜厚	65,77
膜厚測定法	65
膜厚の定義	67
マクスウェル	119
マクスウェル分布	119
マグネトロンスパッタリング法	153
マグネトロン放電	162
マッカーサー	173
摩耗法	79
ミスフィット	141

ヤ行

ヤング	50,123
融点降下	26
吉田兼好	172

ラ行

ラングミュア	135,136,163
理想気体	6
リチャードソン	136
リチャードソンの式	138
量子サイズ効果（Quantum Size Effect）	97
レーザー破砕法（Laser Spallation Test）	86,87
ローレンツ力法（Lorentz Force Test）	86,87

ワ行

ワイブル分布	84
ワット	10

アルファベット

adhesion	78
As-deposited	18
Burton-Cabrera-Frank過程	58
Child-Langmuirの式	135
Chopra, K.L.	20
Cu薄膜のホール効果	19
CVD（Chemical Vapor Deposition）法	147
Deflagration	150
Frank-van der Merwe過程	58
gold-leaf	148,149
Grove, W.R.	157
Heavens, O.S.	79,80
hetero-epitaxy	141
Holland, L.	15
homo-epitaxy	140
Kossel機構	58,59
Mayer, H.	13,14
MBE（Molecular Beam Epitaxy）装置	37,63
「Micrographia」	49,118
Mittal, K.L.	86
N線	90
Ogrin, Yu.F.	99
「Opticks」（「光学」）	49,116
pseudomorphism	94

索　引

Pull Test	*87*
PVD (Physical Vapor Deposition) 法	*147*
Reines, F.	*39*
Reiss, H.	*144*
Hoffman, R.W.	*39, 43*
Sandomirskii, V.B.	*98*
Stoney-Hoffman の式	*44*
Stranski-Krastanow 過程	*58*
Strong, J.	*78*
Thomson, George Paget	*129*
Thomson, Joseph John	*129, 131, 133*
Thomson, William (Lord Kelvin)	*26, 129*
Tolansky	*15*
Tolansky 法	*34, 74*
van der Waals (vdW) epitaxy	*147*
Volmer-Weber 過程	*58*

著者略歴

金原　粲（きんばら あきら）

　1933年　静岡市に生まれる
　1956年　東京大学理学部物理学科卒業
　1962年　東京大学大学院数物系研究科修了 工学博士
　　　　　東京大学工学部物理工学科 助手，講師，助教授を経て
　1985年　同教授
　1964年～1965年　米国ケース工科大学物理学科研究員
　1985年～1994年　文部省高エネルギー物理学研究所教授 併任
　1994年　東京大学定年退官 東京大学名誉教授
　1994年～2004年　金沢工業大学教授
　2004年　東京大学先端科学技術研究センター研究員
　2007年　東京大学生産技術研究所研究員 現在同シニア協力員
　　　　　元応用物理学会会長，元日本学術会議会員
　専門　応用物理学，薄膜物性，スパッタリング現象 など
　著書　「薄膜の基本技術」（東京大学出版会），「薄膜」（裳華房），「スパタリング現象」（東京大学出版会），「基礎物理学Ⅰ」（共著：実教出版）その他多数

真空・薄膜　徒然草
（しんくう・はくまく　つれづれぐさ）

2013年 3月20日　初版第1刷発行

著　　者　金原　粲 ©
　　　　　（きんばら あきら）

発 行 者　青木　豊松

発 行 所　株式会社 アグネ技術センター
　　　　　〒107-0062 東京都港区南青山5-1-25 北村ビル
　　　　　TEL 03 (3409) 5329 ／ FAX 03 (3409) 8237

印刷・製本　株式会社 平河工業社

Printed in Japan, 2013

落丁本・乱丁本はお取り替えいたします。
定価の表示は表紙カバーにしてあります。

ISBN 978-4-901496-66-7 C3042